穿越地狱

太空神奇体验

［德］乌尔里希·沃尔特　著

李　洁　王金麒　译

SPM
南方传媒　广东人民出版社
·广州·

图书在版编目（CIP）数据

穿越地狱 /（德）乌尔里希·沃尔特著；李洁，王金麒译. —广州：广东人民出版社，2024.6

ISBN 978-7-218-17370-2

Ⅰ.①穿…　Ⅱ.①乌…　②李…　③王…　Ⅲ.①外太空—普及读物　Ⅳ.①V11-49

中国国家版本馆CIP数据核字（2024）第039212号

版权登记号 19-2023-311

First published in German Language under the title: Hoellenritt durch Raum und Zeit -Astronaut Ulrich Walter erklärt die Raumfahrt by Ulrich Walter, ISBN 978-3-8312-0450-2,©2017 by Komplett Media Verlag GbmH, Munich.Germany. All rights reserved. www.komplett-media.de

Translated into Simplified Chinese Language through mediation of Maria Pinto-Peuckmann,Literary Agency, World Copyright Promotion, Kaufering, Germany.
本书简体中文版专有版权经由中华版权代理有限公司授予北京创美时代国际文化传播有限公司。

CHUANYUE DIYU

穿越地狱

[德]乌尔里希·沃尔特　著　李　洁　王金麒　译　　　

出 版 人：肖风华

责任编辑：吴福顺

责任技编：吴彦斌　马　健

出版发行：广东人民出版社

地　　址：广州市越秀区大沙头四马路10号（邮政编码：510199）

电　　话：（020）85716809（总编室）

传　　真：（020）83289585

网　　址：http://www.gdpph.com

印　　刷：天津丰富彩艺印刷有限公司

开　　本：787毫米×1092毫米　　1/32

印　　张：9.25　　**字　　数：**148千

版　　次：2024年6月第1版

印　　次：2024年6月第1次印刷

定　　价：45.00元

如发现印装质量问题，影响阅读，请与出版社（020-85716849）联系调换。

售书热线：（010）59799930-601

目录
contents

进入宇宙的地狱之旅
——与世界隔绝

肯尼迪航天中心（Kennedy Space Center，简称为 KSC），
美国佛罗里达州，航天飞机 39A 发射台，1993 年 4 月 26 日
美国东部标准时间 9 点 50 分。

　　此时此刻，我离地 60 米，在总重 2000 吨的哥伦比亚号航天飞机的机身中部，平躺仰卧，双腿向上弯曲。哥伦比亚号是美国国家航空航天局（National Aeronautics and Space Administration，简称为 NASA）所属的飞机之一，几秒钟后准备将七名宇航员送入太空。这是我多年来一直拼搏的地方，也是我为之奋斗的时刻。我合上遮阳板……什么也听不见了！我只能感觉到空对地无线电信号断断续续并且很快就消失了。是的，与外界隔绝了，再也听不到任何声音了。发射过程中，我所在的中舱，除了满墙抽屉什么也看不到，或者说，我的眼神片刻不离地盯着一个个抽屉，希望它们在发射过程中不会意外松动滑落。

哥伦比亚号航天飞机在肯尼迪航天中心 39A 发射台点火发射。（图片来源：美国国家航空航天局）

随后，发射！在起飞前 6 秒，航天飞机上的三个液体发动机相继点火。航天飞机通过两个相距数米的白色固体火箭助推器上的螺栓固定在地面发射架上，因此垂直伫立的航天飞机在发射时极易来回摆动。在这 6 秒钟内，宇航员能清楚地感觉到自己像坐海盗船一样向前摆动 1.5 米，随即又迅速向后摆动。航天飞机在起飞时的振动和抖动如此剧烈，以至于这一震感会穿过骨骼和腿部，就像地震一样。

然后，通过收音机听到：助推器——点火——发射！

航天飞机固体助推器（Solid-Rocket-Booster，简称为 SRB 或助推器）点火，与此同时航天飞机发射升空。我坐在航天飞机里面，压根听不到那些让外面观众震耳欲聋的巨大声响（夸张点儿说，仿佛置身 IMAX 影院）以及助推器发出的响亮刺耳的音爆（但是，换个角度来看，我错过了 IMAX 体验）。

航天飞机已经升空……感觉如何？三倍于地心引力的 $3g$① 加速度，航天飞机转眼间便消失在观众的视野之中！发动机的推力主要依靠两枚固体助推器（单枚固体助推器的推力高达 1200 吨）提供，再加三个液体发动机（单个液

① g 是重力加速度，指地面附近物体受地球引力作用在真空中下落的加速度，约为 $9.81 m/s^2$。——译者注

哥伦比亚号航天飞机在离地约 5 千米的高空刺破云层，踏上了宇宙征途。（图片来源：美国国家航空航天局）

体发动机可产生 185 吨推力）。总共产生的推力大约是总重 2000 吨的航天飞机的 1.5 倍；但其加速度并不比飞机起飞时的加速度大。

此时，航天飞机主要由固体助推器提供动力，推动其穿过云层，助推器的推力直接决定了前两分钟的升空体验。燃料稍许不均而造成的燃烧不均匀，使得航天飞机快速且强烈地加速冲击，从而导致航天飞机剧烈摇晃，并引发不规则抖动。航天飞机上的一切都在无情地颤抖着，仿佛在鹅卵石上以 100 千米 / 时的速度谨慎骑行，并且屏声静气，悄无声息。任务控制中心和指挥官之间偶尔会交流几句。每位参与者都明白，这是迄今为止整个任务中最为关键的时刻。如果现阶段出意外，届时绝无救援可能。自 1986 年挑战者号失事后的诸多改进措施至今也没能改变这一点。助推器就像除夕夜的鞭炮一样，一经点燃便无法停下，即使切断助推器也于事无补！助推器的推力过于强大，一旦推力不足，强大的空气阻力就会冲击整个航天飞机系统，致使航天飞机解体！如果像曾经的挑战者号一样，多孔助推器产生的火焰如金属切割时火花飞溅一般喷射到外挂燃料箱，这样造成的危险人们至今亦无能为力。在这两分钟里，机组人员只得任由航天飞机摆布。因此，往往会出现让人窒息的静默。

再无回头路

在燃料消耗的同时，航天飞机系统总重随之越来越轻，加速度亦缓慢增加，产生的作用力将人压在椅子上。在固体助推器的燃料燃尽前不久，即起飞后两分钟，压力就已达到 $1.8\,g$，即地球重力的 1.8 倍。助推器在燃料燃尽后推力很快消失，然后立刻被丢弃。

等这一切过去后，我们终于可以替航天飞机松口气了。此时，大家想法一致，一个接一个激动地喊出"耶！"——最危险的时刻已经过去了！现在起或许还会出现问题，但都可以通过某种方式得以解决，不再有致命危险。

推力通过抽屉大小的孔得以释放后，助推器随即被丢弃。此后，航天飞机便仅靠液体驱动器提供推力。相较助推器，液体驱动器燃烧更均匀。彼时，终于离开了大气中稠密且湍流较多的一层。正因如此，几乎感觉不到任何震动。现在，驱动器的谐波力完全体现在座椅上不断增加的压力上。在 4 分钟 20 秒后，休斯敦任务控制中心发出"负返回指令"（这意味着即使是紧急情况，也再无返回肯尼迪航天中心并于此着陆的可能）。

总计 7 分钟后，超大的锈红色外部油箱排空率达到

90%，航天飞机系统总重不足200吨，此时，在三个液体驱动器的推力作用下，压力增加到3 g，我必须强迫自己停止呼吸，毕竟呼吸会将胸腔连同沉重的衣服向上抬起进而诱发呼吸困难，相较于此，不呼吸反而更舒服些。

现在关闭驱动器，在上文所述3 g 压力作用下，这一情况将持续1分半。然后，指挥官会在油箱完全排空之前宣布，"10秒后，我们将关闭主发动机（Main Engines Cut-off，

仅8分半钟，航天飞机就进入太空，并在约350千米的高度上，通过打开装卸舱口的方式（意在冷却）进行悬浮。（图片来源：美国国家航空航天局）

简称为 MECO）"，因此在短短几秒钟内推力将归零。$3g$ 的压力突然释放，然后一下子便进入失重状态。这意味着，我进入太空中了！

一旦进入太空，人会立刻感到失重，这种感觉在地球上从未体验过。目前来看，失重体验对大约 70% 的宇航员来说明显没有任何益处，确切点说，他们还会因此患上太空病。我自己也发觉：每当我快速扭动身体或是快速转头，都会感到恶心。为此，许多人采取的主要解决方法就是不经意地将头缩到肩膀里，这样可以很大程度上限制头部扭动。状况有所缓解，但并不能从根本上阻止上一顿餐食在胃里往上涌。一味地克制只会让事情变得更糟糕。还不如抓住胸前口袋里的袋子，索性将胃里的东西一次性吐干净。许多人还出现了头痛、背痛和持续性身体不适。完全无法做任何工作的人便让同事给他们注射非那根（一种镇静剂），并向指挥官写明暂时"无法工作"，并在接下来的几个小时里找一处安静的角落（最好是床铺）来治愈太空病。

好消息是：最迟 36 小时后一切症状都将消失，然后就可以真正享受失重感了。如果现在平静地闭上眼睛，在空间里慢慢飘浮，胳膊和腿以非常放松的姿势微微弯曲，终于再无干扰，可以完全专注于自身感受。

失重的感觉

起初，我感觉自己好像在重复一个梦。年少时，我经常梦见自己沿着家门口的一条崎岖的路一直走啊走，然后身体变得越来越轻，不知什么时候就腾空而起然后飘浮在空中。我没有飞行，只是飘浮着，这种感觉在日常生活中从未有过。这和失重感几乎一模一样。心理学家们都说，人经常梦见自己在跑步、举重或是飘浮。那么，可以认为这种梦是一种无意识的失重体验吗？可是身体怎么能梦到从未亲身经历过的真实情景？还是说，这种梦可以理解为对日常生活中短暂危险的失重状态——坠落——的有趣重演？

本书作者乌尔里希·沃尔特于1993年执行D2航天飞机任务时经历失重。（图片来源：美国国家航空航天局/乌尔里希·沃尔特）

　　失重状态下有何感觉？首先，明显感觉好像缺少了点什么。现下，我与周围环境是何关系？有灯的天花板在哪儿，地板又在哪儿？我霎时变得一概不知了。同时我什么也感觉不到了，尽管太空舱里其实也并无上下之分！这样一来，我的感受也急剧变化。我不再觉得自己置身于一个围绕着我的世界，而是感觉周遭一切都消失了，就剩下我自己。我除了感觉周围一切都与我无关之外，再无他想。即使哪里有些什么，不也和没有一样吗？我心里感觉自己于世独处。整个世界除了我再无其他！

　　这种对自我的关注只会让我更加了解自己。我发生了哪些变化？我不再有任何负重感。即使是用以保暖的衣服也仿佛失去了重量，它们像贝壳一样悬浮在我周身，而不会飘向他处。这太过不寻常且太过诡异，以致我总想尝试稍微摇晃一下肩膀去感受下衣服是否还在身上。

　　但不仅衣服的重量消失了，自身的重量也消失了。当我站立或坐在地上时，脚底不再承受整个身体的重量，但胳膊还像往常一样无处安放。奇怪的是：只有当再也感觉不到身体的存在时，才会大概意识到在地球上身体究竟有哪些负重，尽管真实情况未必如此！只有在这次经历之后，我才意识到脸颊几乎没有明显下垂。我现在知道，我感觉到肚子里有只蝴蝶在飞，其实就是内脏在地球重力的作用下被拉扯的感觉。但在失重状态下，什么感觉都没了。这就是名副其实的"完全无负担"。

完全无负担。如果不是通过这些外部迹象，我怎会知晓自己的身体是否存在？我的回答也令人吃惊不已：身体好像真的不存在了！没有而且是完全没有身体的存在感了。奇怪，这是一种无身体形式的存在！那么我感知到的自我存在又是什么？在地球上，我先有了身体，然后才会意识到，如何通过自身经历来定义在地球重力下自我的存在。我轻轻摇晃肩膀，用拇指轻敲食指。是的，食指还在——我也还在！但现在如果没有了食指，我还存在吗？当然，我仍存在，我感觉到了，否则我不能问自己这个问题！但事实如此！我只剩下思维了。我思故我在！这就是失重的特殊之处：减轻身体负重，放松精神。

之后便是无法形容的地球美景

我满怀期待地向外望去，然而看到却是——水！只有深蓝色的水！我深深地被震撼到，毕竟根据我日常感受，地球应该由陆地组成。但其实地球表面三分之二是水，而不是陆地！我确实明白了。这或许是太平洋，这样的话，接下来的半小时，也就是接下来的 15000 千米，会一直保持这种状态。单就我所看到的"片面"就令我惊讶不已了。闪耀的白色云层巧妙地掩盖了大海的蓝色。或许有人认为，太空中的地球灵感来自巴伐利亚：在一片漆黑的太空背景下，云层和海洋就像是一幅巴伐利亚民族色彩图案。

被大西洋环绕的格陵兰岛的南端。地球大气层的光学厚度为 20 千米，它像一层白霜一样覆盖在地球上。（图片来源：美国国家航空航天局 / 乌尔里希·沃尔特）

从 300 千米的距离遥望，地球还无法尽收眼底，但如果航天飞机窗户的位置合适，地球曲率会随着视野拉高而减小。现在我可以一次性看到直径为12750千米的地球，其大气层厚度仅为20千米。这样的话，地球上方的保护壳看起来像一层薄薄的白霜，如此脆弱，以至于人们可能会认为，微风就足以将其一扫而光，甚至轻风拂过都会留下明显痕迹。在这个柔弱不堪的壳里，所有我们称之为生命的万物就此诞生。生命，就像是在坚不可摧的地球与宇宙中难以生存的虚无之境之间找到一种平衡！人类生活痕迹甚至没有完全覆盖整个地球。在无垠的宇宙之海中，人类只是遍布如肥皂泡般的地球上不起眼的芽孢杆菌。

　　然而，过了几天，人们终于认识到"他们的"地球，并见到以前从未预料到的关联或整体性特征。例如，人们已掌握如何通过颜色来识别大陆。每当低头看向陆地，就能判断出目前位于哪一块大陆的上方，因为每个大陆都有其专属颜色！例如，南美洲是深绿色的，热带雨林的颜色主宰着这片大陆。拥有广阔撒哈拉沙漠的非洲以及与其接壤的西伯利亚大草原和热带稀树草原呈现赭棕色。整个澳洲一片深红色！印度尼西亚拥有众多岛屿，热带雨林总是处于阴霾之中，因此那里也是一片深绿色的海洋。欧洲呢？在南欧，不是温暖的浅棕色就是灰绿色——如果能意外地透过稀薄的云层，甚至可以看到地面——就连云层也是凄凉的灰色。由此，人们开始推演简便且正确的航天经验法则：在人类无法生存的冰川和沙漠中，世界是美丽的；在人类生存或可以生存的地方，世界没那么美甚至已不再美丽了！

乍得北部撒哈拉沙漠中的乌尼昂加湖泊群。（图片来源：美国国家航空航天局）

此外，我们还欣慰地见识到：地球上看起来至关重要的人类问题，若放在太空中得是多么微不足道。电视新闻报道的都是国家冲突、军事冲突及外交冲突。从太空来看，地球看起来完全是另一个样子。对于地球来说，人类极其渺小。如果没有人类，地球可能会很好，也许更好。在地球的寂静岁月里，人类对于地球的意义就像是细菌对于人类。国界？这根本不会在地球上留下烙印。

　　国界只存在于我们脑中，并且自从上学的第一天起就灌输到我们脑中！国家和大陆亦如此。或许只有两个例外：一个是位于西奈东部边缘的以色列和埃及之间的笔直边界，另一个是位于非洲西南部埃托沙潘以北 200 千米处的安哥拉和纳米比亚之间的笔直边界。但是并非两个边界本身可以被识别出，而是通过相邻国家之间土地使用程度的明显差异来识别的。

夜晚的魅力

　　对于只想观测地球的宇航员来说，即使暮色降临才刚过去 45 分钟也可能为时已晚。过一会儿，只要他的眼睛习惯了黑暗，夜晚的地球会是一幅奇妙的景象。

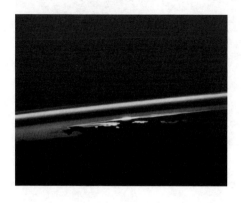

本书作者乌尔里希·沃尔特绕地飞行 160 圈期间拍摄的日落。（图片来源：美国国家航空航天局／乌尔里希·沃尔特）

首先，夜晚的热雷暴一直持续到地球时间的第二天清晨。被云层遮住的闪烁光亮让我想起有关第二次世界大战的老电影中出现的场景，从飞机上看到夜袭时引爆炸弹发出的闪光。尽管其极具破坏性，但看起来像是引人入胜的魔法。光亮快速闪烁，毫无逻辑，这里闪一下，那里闪一下。有时甚至还会形成一道闪电，在云层中蜿蜒数百千米，留下一条同样蜿蜒的轨迹。与地球上可怕的雷暴相比，来自太空的雷暴给人留下了相当诡异的印象，因为这里没有雷声！

图片中间是尼罗河三角洲的夜景，三角洲与右下角闪闪发光的开罗一起蜿蜒绕至尼罗河谷地区。右上角明亮的沿海地带是以色列和黎巴嫩，包括位于以色列地中海沿岸的特拉维夫市（灯光带左侧的黑色边缘）。再往东（右）较短的明亮地带是大耶路撒冷。图片左上方是土耳其，左下方是塞浦路斯岛。（图片来源：美国国家航空航天局／乌尔里希·沃尔特）

如果外星人仅凭肉眼便断定地球上住着智慧生物——他们对地球上是否居住着智慧生物总是争执不休——那么当他们看见夜晚的地球时会更坚信这一观点。因为在夜间云彩不再挡住视野时，人类便决定了地球的样子。

城市里夺目且分明的灯光与街灯交织呈网状通往郊区，这可是高等生物存在的一个显著标志。人类征服了黑夜。这一点从太空望去最为明显。人们更喜欢生活在沿海地区，因此人类文明的分布就像个分支状的淋巴系统，贯穿陆地并与海洋接壤。

银河系，这个词在太空中重获本意。想要充分欣赏星空的壮丽景色，飞行甲板上的灯就必须完全关闭。令人着迷的不仅是繁星满目、数不胜数，还有它们卓绝的清晰度。就像从天鹅绒地毯后面点上灯，就会看到地毯上无数细小的针脚一样，繁星亦被牢牢地钉在天空。没有光亮为它们注入虚假的生机，它们沉默般的存在充分地体现了宇宙的无限寂静。

能望向地球是多么美丽的一件事啊！但在任务绝大多数时间里大家一直是作为宇航员尤其是科学宇航员开展工作。但这些也会伴随记忆长存：美丽而难忘的经历才会被记住，单调的工作很快就被遗忘，时间在言语的最真实含义下像在航天飞机里一样过得飞快。

告别太空

十个忙碌但精彩的工作日之后，我坐回自己的座位，就像启程时那样通读检查单，尤其是紧急情况提示卡，为重返地球做准备。这样会使我安心，因为一切都在掌握中。

最后还有一项预防措施：为了防止宇航员在着陆后猛然起身时血液循环瞬间紊乱，宇航员须尽可能多地增加体液含量。为此，我们必须吞下几粒盐片后大量饮水。盐能与体内水分结合，可保证水分不会立即经由肾脏排出。无论如何，这个过程可比喝下几升盐水要舒服得多。现在我们准备好重新进入地球大气层了。

着陆前 75 分钟或者着陆前半个轨道周期，指挥官首先调转机身将尾部朝前飞行。这对我们来说完全无所谓，是的，甚至根本注意不到，因为在失重状态下全无上下之分。着陆前一小时，点燃轨道驱动器，沿飞行方向的反方向喷火三分钟，但这仅使轨道速度降低了 300 千米 / 时：我们现在的飞行速度是 27700 千米 / 时，而不再是 28000 千米 / 时。然而，这一看似微不足道的变化足以使航天飞机从近似椭圆的轨道上飞向地球大气层的更深处。

与此同时，指挥官已将航天飞机带回到常规飞行姿态，以约 35° 仰角向前飞行。航天飞机的高度越来越低，着陆前由机载计算机控制，以使其速度在接下来的半小时内稳定在 27700 千米 / 时。此刻高空的空气阻力仅用于在飞行速度保持不变时降低飞行高度。在这一阶段，我们仍不会有太多感觉。空气阻力仍然很低，以至于相应的重力仍然保持在 $0.2\,g$ 以下。此外，我被安全带牢牢地绑在座椅上，因此感觉不到这一微弱的重力。只有轻轻地向天花板上扔诸如圆珠笔的物体，才能认识到我已深陷这一重力环境。如果物体不是撞向天花板，而是慢慢沿着抛出去的轨迹退回，那么我就会意识到它在往下掉。

距离着陆还有 25 分钟。空气阻力急剧增加，导致航天飞机底部的瓷砖在 1500℃ 时烧得通红。如此高温，无线电通信等也被迫中断。在太空服的保护下我几乎没有注意到舱内温度升高。可能是由于激动紧张，我现在汗流浃背，毕竟此时航天飞机正在剧烈摇晃。在距地 120 千米的高空，空气密度继续增加，航天飞机遵从空气动力学飞行，重力也明显增加，因此，必须给反重力服（抗荷服）充气。反重力服通过对人体腹部和下肢加压避免下半身血液淤积，从而防止头部供血不足，即大脑短路。此时，指挥官再次控制航天飞机。从此刻开始，指挥官还会控制航天飞机进行各种滚动动作和转弯动作以降低其速度。

着陆前 12 分钟，瓷砖温度已经降下来了，无线电通信可以恢复了。此时，航天飞机距地 55 千米，速度为 12000千米／时，距离爱德华兹空军基地的跑道还有 900 千米。我得再次给反重力服充气，因为负载的重力已增加到 $1.3\,g$。这种情况下人会感到异常疲惫，尤其是经历了太空失重之后。可以听到指挥官断断续续地播报着；他也需要对抗身体的疲倦。我很庆幸我还可以坐着——我的体重使我不必非要保持站立状。

还有 5 分钟。现在开始逐渐靠近跑道。航天飞机在 25千米处以 2.5 倍音速，逆向倾斜冲向跑道。然后，再让飞机按照预定转弯，使其准确地指向跑道方向。指挥官现在只需要调整航天飞机的俯冲角，使其以 22° 的滑翔角飞向着陆点，一个飞行员就相当于一块石头砸向地面。速度进一步降低到 700 千米／时。着陆前 30 秒，指挥官向上拉起航天飞机机头，将下滑角降低到 1.5°，并将速度降低至着陆速度。在着陆前仅 15 秒，先伸出起落架，因为之前的高速飞行可能会导致起落架脱落。终于，航天飞机以大约

400 千米／时的速度着陆了。

航天飞机在美国加利福尼亚州爱德华兹空军基地着陆。（图片来源：
美国国家航空航天局）

　　然而，着陆过程中我几乎什么也听不到，指挥官控制
着航天飞机平缓地降落。此时我就通过画面中的着陆高度
数值，看到航天飞机和地面的距离。在着陆后，指挥官将
航天飞机的机头位置持续迎向气流，进而逐步降低飞机动
力。当前起落架接触地面时，打开制动降落伞；在航天飞
机中可以清楚地感受到该降落伞对飞机的有效制动。着陆
一分钟后，航天飞机终于停了。我以完全放松的姿态朝后
靠向座椅，此时我清楚地知道：重回地球了！

我们是宇航员！

"请问，你是如何当上宇航员的？"这或许是我最常被问到的问题之一，因此，我将在此给那些非专业但有钱的人指出一条捷径。

首先，谁才是真正的宇航员？从哪儿开始算是太空？国际航空联合会（Fédération Aéronautique Internationale，简称为FAI，也负责太空旅行）将距地100千米高的卡门线①定义为地球和太空分界线，分界线向上便不再可能进行空气动力学飞行。

人们大多认为每个进入太空的人都是宇航员。但事实并非如此。尽管美国联邦航空管理局（Federal Aviation Administration，简称为FAA）将"商业宇航员之翼"徽章授予每个飞行高度超过50英里（约80.5千米，可以说是美国对太空的定义）的公民，但这并不具有国际意义，主要是国际上并不认可这些人是宇航员。

到目前为止，国际航空联合会公认的唯一有效的宇航员定义来自太空探索者协会（Association of Space Explorers，简称为ASE，所有执行过载人航天飞行任务的宇航员协会）。太空探索者协会规定，宇航员是指乘坐航天器至少完成绕地球一周飞行的人员。

这就是为什么艾伦·谢泼德（Alan Shepard）不被认定是美国第一位宇航员，而比他晚八个月完成绕地球飞行

---

① 卡门线是高度为海拔100千米的一条虚拟线。——译者注

美国联邦航空管理局颁发的"商业宇航员之翼"徽章。（图片来源：
美国联邦航空管理局／美国联邦警察局）

的约翰·格伦（John Glenn）才被认定是美国第一位宇航
员，尽管谢泼德是第一位在太空中进行亚轨道（仍未满一
整圈）飞行的美国人。结论：只在亚轨道飞行的太空游客，
即被飞船送到距地表100千米上方就立即返回地面的游客，
不是真正的宇航员。

对于那些以250000美元预订了维珍银河公司（Virgin
Galactic）或以95000美元预订了XCOR航空航天公司提供
的亚轨道航班机票的人来说，这绝对是个坏消息。尽管航
班一趟都还没飞，但现在已经有700多个机票订单，并且
都是全额支付！维珍银河公司起初计划首飞于2009年进
行，但几经推迟。在2014年10月31日试飞时发生坠机事
故，不仅失去了飞机还失去了飞行员。因此，此后几年仍
未能确定首飞日期。

　　我和那些下了订单的人展开了激烈的讨论，他们还是认为，一旦航班返程落地后被授予"宇航员之翼"，他们就是宇航员了，据说维珍银河和XCOR也将这写成广告向大众推广。

　　要想成为被国际认可的宇航员，就必须投入更多的钱，例如，太空探险公司（Space Adventures）给出的最新标价是4500万美元。该公司与俄罗斯航天局一起，用联盟号运载火箭将太空游客送到国际空间站。已经有7名太空游客和太空探险队一起到达了那里，第一位太空游客丹尼斯·蒂托（Dennis Tito）在2001年那会儿只需支付2000万美元，而原定于2014年飞行的歌手莎拉·布莱曼（Sarah Brightman）临时取消了行程，但她仍需支付这笔高达4500万美元的费用。

　　即使这样，需求看起来还是远远大于供应。

　　如果想要旅行更独特并有一定的变化，那就得考虑是否要飞往月球。毕竟按照太空探险公司的说法，联盟号的太空舱将为此设置两个座位并飞向月球，在几百千米的高空绕月飞行一圈，然后直接飞回地球。总飞行时间8到9天。技术上没有任何问题，只是钱的问题。确切地说是1.5亿美元。据说其中一个座位已售出，但太空探险公司不愿透露这位神秘买家的姓名。另一个座位则以1亿美元标价出售。

　　或许有人会说，这些月球游客，以及所有以前的阿波罗航天员，都不是宇航员，因为他们并未绕地球飞行，而是在地球与月球之间往返。但事实并非如此。因为所有飞往月球的航班，以及后来飞往火星的航班，都会在飞往月球或火星之前，在围绕地球的一个过渡轨道上进行行前检查。就是这个绕地轨道的飞行使两者之间泾渭分明。

为什么人在太空中
会失重？

由于重力在太空中不再奏效，因此人会失重。这是通常的看法，
但其实大错特错！

重量不以千克为单位计算！

质量才是。当被问到"你有多重？"，你也许会回答"75
千克"，这在日常交流上或许没问题，但从物理学角度来看，
这简直就是胡说八道。为什么？重量，是重力的一种，重
力的衡量单位是牛顿（N）而非千克。相反，千克其实是计
算物体质量的单位。无论是身处地球上还是在宇宙中失重
时，物体质量都是一样。只有在地球引力作用下，质量才
会产生重力 F（重量）。这两个量在简便方程式 $F = m \cdot g$ [①]
中得以关联，其中 $g = 9.81\text{m/s}^2$ 是地球中纬度地区的重力
加速度。因此，"你有多重？"或"你的体重是多少？"
这个问题的正确答案应该是：$75\text{kg} \times 9.81\text{m/s}^2 = 735.75\text{N}$。
但没人会这么说，而且我敢打赌，只有极少数人知道以千
克为重量计算单位是有多荒谬。

地球引力无限延伸

因此，以千克为单位的质量值总是保持不变的，但离

———————————

① 　本书中的公式，表示相乘的符号，数字之间相乘用"×"表示，例如
2×10^{10}。未知数之间或未知数与数字之间相乘用"·"表示，例如 x·y 或 2·y。

开地球时重力却会发生变化。重力随着地心距离呈平方递减，因此理论上重力可以延伸至太空无限远处。在地球表面，即距地心 6378 千米处，地球重力加速度的大小是 $9.81\text{m}/\text{s}^2$，在地表 400 千米上方的国际空间站上，即距地心 6778 千米时，地球引力为 $9.81 \times (6378 / 6778)^2 = 8.69\text{m}/\text{s}^2$，是地球上的 89%。月球上的地球引力只有地球上的 0.03%，但这足以迫使月球进入绕地球运转的轨道。

在太空失重是怎么样的呢？假设我们身处国际空间站，那么我们仍会受到 89% 的重力作用。但是由于国际空间站总是绕地球飞行，并受到与地球引力一样大的离心力作用，两种力相互抵消。因为地球的引力被抵消了，所以我在轨道上的重力消失了（在地球轨道位置上的秤显示为零），而我的质量保持不变。

为何身处宇宙何处都会失重？

到目前为止，一切都还很容易理解。现在开始问题变得复杂了：为何身处宇宙何处都会失重，即使我像当年的阿波罗宇航员那样直奔月球飞行？此处并没有用以抵消重力的离心力。答案是，因为惯性的作用。在飞往月球的过程中，宇宙飞船因地球引力而减速，就像汽车刹车时人会向前倾。这是惯性的作用，它像离心力一样用以平衡重力。事实上，离心力也是一种惯性力，尽管我绕圈飞行，但惯性力会横向作用（横向加速），通常，我在行进方向刹车时，会在惯性作用下向前倾，而在行进方向加速时，会在惯性作用下向后倒。

是什么在调节惯性力的大小？答案是物理学，无论我在太空中的哪个位置，惯性力都会完全抵消所有作用力（来自地球、太阳、月亮及其他行星的作用力）。这就是我在太空中总是失重的原因。唯一的例外是：我可以用助推器使宇宙飞船加速。但这样一来，惯性力将我压到宇宙飞船的底部，我可以用秤测量这一惯性力，也就是说形成了人造重力。

为什么潜水时不失重？

最后，最困惑的难题是：潜水时是否会像在太空中一样失重？答案比较复杂，因为潜水员在水下没有任何重量，但他却并未失重。为什么？失重意味着"作用于物体各处的惯性力抵消了所有外力"，这一点尤为重要，因为重力和惯性力均作用于物体各处质点，从而使各处质点所受作用力相互抵消。太空中的宇航员一旦闭上眼睛就会立即失去方向感，因为平衡器官（其实就是眼睛黄斑区）丧失功能。漂浮在水中时就不同了。鱼总是能准确地判断出上下位置，否则它不会上下游动。恰好潜水员知道这一点，因为眼睛黄斑区并不受此影响而是继续发挥作用。毕竟水的浮力不会作用于身体各处，而是只作用于鱼或潜水员表面。因此，只有作用在表面的重力和浮力达到相互平衡（准确地说，只有作用在表面的合力为零）。因此，潜水员的内耳前庭不受影响，可以继续工作。

潜水是一项很好的失重训练

真正的失重感只有在自由落体时才能在"地球上"体验到，即从跳台跳下或进行抛物线飞行。因此，抛物线飞行是宇航员常规训练的一部分。潜水也是宇航员训练的一部分。虽然潜水时不会失重，但这一训练非常重要，因为潜水与太空失重相似。

举例来说：如果我想在太空中用螺丝刀把螺丝钉拧到墙上，那么旋转的不是螺丝钉，而是我绕着螺丝钉旋转。所以说，我需要一个固定的支点才能工作。这正是潜水员在水下的经历。因此，潜水是一项针对国际空间站舱外活动的极佳训练项目。

人类及人类在宇宙中
面临的问题

太空会对人类身体健康造成影响吗？影响程度不同，从轻微到极其严重。

考虑到生物经历了数十亿年的漫长进程已经适应了地球的生活环境的情况，如果它们在与地球完全不同的其他外部环境仍然可以生存，那将是一个奇迹。最大的难题来自环境压力（主要指水、空气以及气候）、温度、辐射以及重力变化。地球大气层是宇宙其他地方都不具备的，对环境压力、温度、辐射三者尤为重要。重力在太空中普遍存在，作用于我们身体各处的重力和惯性力相互抵消（见上一章"为什么人在太空中会失重？"），因此，严格意义上讲，这并非失重。

失重时容易呕吐

实际上，失重有损人体健康。黄斑区——重力于此触发神经冲动——由于失重而丧失功能，我们因此无法感知上下方位。大脑认为这是由于人体摄入了有毒食物，进而引起呕吐，喝太多酒的话也会如此。众所周知，酒精会损害平衡器官，因此身体试图通过呕吐尽快让酒精代谢。

在失重状态下，这一情况很快就会发生，通常就在前几分钟内。一般来说，容易呕吐的宇航员需要为此准备几个塑料袋。70% ～ 80% 的宇航员患有这种太空病。不过，最迟 36 小时以后，身体会意识到问题不在食物，于是就不再恶心。然而，有时仍会在失重的作用下体液涌入上半身、颅内压上升进而引发头痛，以及在失重状态下由于脊柱扩张或一定程度弯曲而造成背部疼痛。在长时间拉伸下背部肌肉会感到疼痛，但过不了几天身体也就慢慢习惯了。

当心辐射

辐射问题更为严重。大气层为地球挡住了使人不舒服的辐射，这些辐射有的来自太阳，还有的来自太空深处的高能重（HZE）离子①。这两者都是不容小觑的粒子辐射。太阳不断喷发由带电质子组成的太阳风。伴随着来自太阳和地球周围辐射带（范艾伦带②）外部的强烈日冕物质抛射，这种太阳风变得越来越强烈。如果在大约一周内没有采取保护措施，宇航员将会命丧于此。在宇宙飞船周围设置的一道水墙作为屏蔽介质可以隔离这些辐射。曾经，阿波罗宇航员因为飞船重量原因并未配备这一保护。但幸运的是

————————————

① HZE 离子是银河宇宙射线的高能核组分，其缩写来自高（H）、原子序数（Z）和能量（E）。——译者注
② 范艾伦带是由地球磁场俘获的太阳风粒子形成的，是极光的成因。——译者注

那时没有日冕物质抛射。

国际空间站（International Space Station，简称为ISS）位于范艾伦带内，因此宇航员在这里几乎不用为此担心。近地空间中的辐射量比地球上平均高出约 20 倍。在那里待上半年，由于工作原因受到辐射的人员（例如宇航员）就已经达到了每年可接受的辐射量上限，这就是宇航员通常在那里只能待六个月的原因。

烧烤模式

太空有多暖和？刚刚就有年轻人问我这个问题，答案应是：没有大气就没有舒适的温度，这应该就解答了不少。但即使没有大气层，物体表面也会呈现出所谓的辐射平衡。平衡温度取决于身体是否被太阳照射。如果我穿着宇航服在太空中行走，一动不动，那么大约 30 分钟后，阳光照射的一侧会变热升至 100℃，而背对太阳的一侧就变成了 -100℃。还好有隔热性能超强的宇航服！

有一个解决温差过大的方法。在进入烧烤模式（美国国家航空航天局真的是这样称呼它的）后，人们需要在阳光下慢慢旋转。这对航天飞机来说非常重要。例如，在返回地球前不久，航天飞机像是架在烧烤架上一样缓慢旋转，以使其铝制结构均匀受热。如果不进入烧烤模式，航天飞机便会由于温差太大而扭曲变形，进而导致装卸舱口无法关闭。

不过是国际空间站上的小问题

国际空间站内部的条件与地球完全一样，即标准大气压力为100千帕（气压单位），室温约24℃（在失重状态下，会感觉稍微凉爽一些）。因此，国际空间站上的宇航员穿着类似于在地球上训练时的衣服。

美国国家航空航天局在国际空间站上的空气再生系统。（图片来源：美国国家航空航天局）

由于没有重力，就没有自然空气流通。只能强行创造出空气对流环境，这不是为了抑制霉菌的生成，而是因为人们呼出的气体会形成二氧化碳气泡。这样宇航员在睡觉时会感到特别不舒服，甚至可能会窒息而死。

循环空气中的有机物质通过空气再生系统中的碳过滤器进行清洁，通过复杂的工艺去除多余的二氧化碳。然后，加入氧气罐内的氧气和／或水电解制出的氧气。氮含量始终保持不变。

还有一个问题：不是所有的气味都能被完全消除，所以总会有少量残留气味，长期身处其中是察觉不到的。只有回到地球呼吸到新鲜空气，这才会察觉到气味不同。然而，多年后，空间站的空气闻起来会有点儿霉味，因为汗液无法渗透金属，便会在其表面形成一层附有真菌的生物膜，这在空间站上是一个无法避免的问题。

然后就是大问题了

这可能是最常被提及的问题，也是一个非常棘手但却不常发生的难题："没有保护，人在太空中能活多久？"对此，我将在下一章进行解释。

20 秒后就会头晕目眩

没有保护，人在太空中能活多久？

在没有保护的情况下人在太空中能活多久？这一问题一次又一次地被提及。由于从未给出过确切的答案，因此在过去的几年，我不止一次地被问到这个问题。人们通常只找到不准确的假设，但没有靠谱的答案。20 年前，我对这个问题很感兴趣，并在德意志博物馆的图书馆里找到了德国空军在第二次世界大战期间进行人体实验的医学报告。我当时感兴趣的是战斗机机舱内突然失压所引发的后果，这种实验其实也可以适用于太空中的类似场景。

美国国家航空航天局考虑到这一点

当人体暴露在太空的真空中会发生什么呢？这取决于是如何过渡到这种没有保护的状态的。假设我正在进行太空行走时被直径只有几毫米大小的微陨石击中——美国国家航空航天局也正在考虑此类情况——由于时速极高，约30000 千米／时，这样的陨石顺利地刺穿了我的衣服和身体，留下了一个与微陨石一样大小的洞。如果我幸运的话，只是四肢受到了冲击，并没有什么大碍，会流一点点血，可能骨头也会被刺穿。但更关键的是，宇航服破损的程度较小，宇航服内的生命支持系统可以补偿压力损失，我需要在大约 30 分钟内返回国际空间站。

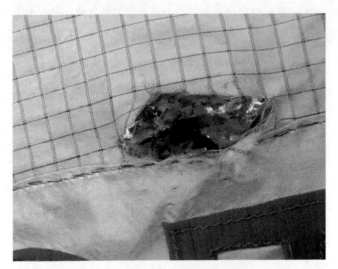

一颗微小的流星体击穿了国际空间站上控制模块曙光号（*Zarya*）的隔热层。（图片来源：美国国家航空航天局）

绝对是最坏的情况

我们可以想到的最糟糕情况是：一颗较大的小行星划破了我的袖子。这样一来我的宇航服便开了个大口子，压力在一到两秒内几乎降至零。这对我的身体来说非常糟糕。但此刻我还是完全清醒的，并且知道我离死亡还有大约 60

秒。在这 1 分钟内，会发生以下情况：压力减小导致我身体上所有气腔突然膨胀。身上一共有三处气腔，即两个中耳和肺。为了不让这三处器官破裂，我得像刚从深水中浮出来那样必须立即张开嘴巴，切勿试图屏住呼吸！然后，中耳气压通过咽鼓管排出，肺压通过气管排出。此外，身体外部不会怎么样，毕竟身体由水和固体物质组成，它们不会膨胀。

救命，我的身体在沸腾！

如果咽鼓管因喉咙痛而肿胀，那么来自中耳的气体就无法消去，当压力迅速下降时，两个耳膜就会破裂。是的，这很痛苦，但更糟糕的情况是：大约 6 秒后，体液，主要是我的血液，开始沸腾，因为水的沸点在很大程度上取决于环境压力。在 100 千帕时，沸点是 100℃；在 32 千帕的珠穆朗玛峰上，沸点则为 71℃。因此，在低于 6 千帕时，37℃体温即达到血液的沸点。

静脉中产生的气泡会阻止血液流动，因此身体会瞬间循环衰竭。起初我只注意到身体有刺痛感。最初时小静脉破裂，后来大静脉破裂。由于缺氧，我的意识在 15 秒后开始变得混乱，20秒后出现昏厥，失去知觉。那些由于关节处含氮的气泡迅速增加导致的疼痛，在我失去知觉之后再也察觉不到了。

恢复……还是并未恢复?

如果压力最迟在60秒内升至正常并且气泡数量恢复正常，那么身体功能亦会恢复正常，据说不会留下后遗症。来自对心肌梗死患者的研究发现：如果中断供氧超过两到三分钟，就会造成越来越多不可逆的脑损伤。

太空中的日常生活

宇航员被问到的经典问题是："在太空中怎么上厕所，怎么睡觉，怎么吃饭？"本章将一次性给出所有答案。

科学家宇航员要长年在太空实验室进行任务训练，正如我已故的宇航员同事赖因哈德·富雷尔（Reinhard Furrer）曾经说过的那样，像松鼠一样在那里辛勤劳作，当一切都按计划进行时，你会特别自豪。当重返地球后人们会问"起飞时有什么感觉？"（典型的男性问题），"在太空怎么上厕所，怎么吃饭，怎么睡觉？"以及"会有变化吗？"（典型的女性问题）。

在太空的日常生活与在地球上大体相似。8小时睡眠，8小时工作，8小时做其他事情（其中2.5小时在跑步机上锻炼肌肉）。周六维护空间站，周日是自由活动时间。

经典问题：国际空间站的厕所

区别仅在于细节。可以在失重状态下使用带有水箱设备的马桶吗？连小孩子都会立即意识到这根本不可能。同样确定的是："如果没有水箱设备，那为什么不考虑净化空气呢？"那么问题只在于如何在技术上对空气进行净化。从逻辑上讲，最基础的问题是，净化工作必须在开始使用马桶时就运行起来，而不是像在地球上那样，在使用马桶之后才开始净化工作。否则，排泄物就都会飘浮起来。此外，排泄物必须很好地被分离成液体和固体。针对液体排泄物，会设有一个小塑料漏斗（每个宇航员都有自己的漏斗），与漏斗连接的长软管通过负压就可以将尿液吸入至一个 20 升的大容器中。针对固体排泄物，宇航员要像在地球上一样坐下来。气流经过一个有洞的塑料袋将所有排泄物收集于袋子中（需要说明的是，只有气流经过塑料袋上的孔洞）。随后袋子将封闭并被推进一个铝制容器。

……然后脱离

把装有排泄物的容器丢在哪里好呢？嗯，可以把这两个容器当成垃圾塞进进步号（Progress）补给船。当进步号到达国际空间站时，宇航员就可以从进步号取到所需要的东西，比如食物、新衣服甚至新的马桶。当进步号被搬空后，还可以把它用作存储装有排泄物的容器。在新的一班进步号到来之前，旧的进步号已经脱离国际空间站并被推入地球大气层，当它以 28000 千米 / 时的速度重新进入大气层时就被燃烧殆尽了。所以别担心，不会有人被它们击中头部。

国际空间站的厕
所，独立的小便
漏斗（右图）通
过一根长软管连
接至马桶。（图
片来源：美国国
家航空航天局）

绝对的安全

上文介绍的马桶虽然简单，但却是俄罗斯人使用了几
十年的行之有效的技术手段。直到 2008 年，它一直是国际
空间站模块星辰号（*Zvezda*）中的基础设施，正好在宇航
员的生活舱的餐桌旁边（在太空中并没那么恶心）。2008
年，美国国家航空航天局从俄罗斯人那里购买了另一个采
用相同技术的马桶，并将其安装在国际空间站另一侧的模
块宁静号（*Tranquility*）中。这意味着当宇航员内急时，
他不再需要从国际空间站的一端（例如欧洲哥伦布实验室）
飘浮到另一端，而是可以直接就近解决。此外，一直有一
个可以正常工作的厕所，以防另一个发生故障。它们的系

统是一样的，所以宇航员不必额外熟悉操作流程，辅助用品必须触手可及，这是最重要的！

昨天的咖啡变成了明天的咖啡

这个新马桶中的尿液与其他脏水一起被送入美国国家航空航天局提供的水回收系统（Water Recovery System，简称为 WRS），该系统可以将废水过滤成饮用水循环利用，所以也就不难理解为何宇航员多年来一直对此多有抵制。在下游的氧气发生器组件（Oxygen Generator Assembly，简称为 OGA）中，也可以通过电解过程从部分饮用水中生成呼吸用的氧气和氢气，氢气要么溢出，要么用作萨巴蒂尔反应器的原始材料。在该反应器中，水可以由呼出空气的二氧化碳生成，然后可以再次饮用。正如所看到的那样，所有这些都是精巧且复杂的技术。

宇航员如此吃喝

大概描述一下在国际空间站上吃饭的过程。食物都先在地面上提前煮熟，然后或是消毒包装在铝袋中，或是冷冻干燥密封在透明塑料袋中，以延长保质期。食用时只需将水添加到食物中，为了使水均匀分布，需要将所有东西都揉碎。如果想趁热食用，请将袋子放在对流烤箱（微波炉不可用，因为在国际空间站里使用电子设备可能会产生电磁干扰）。

由于吃喝都在包装袋里，因此用于剪切的剪刀也算作餐具之一。面条和牛排可以用叉子叉入后直接送至嘴边。只有酱汁和汤需要小心处理。将勺子滑入袋子中，然后逐渐地、非常缓慢地再次拉出，否则液体会从勺子上脱落并不受控制地飘浮到相邻的电子仪器上。但是有经验的老手却能反其道而行之，他们能够很快地将勺子拉出，并让液体不会胡乱洒出而是稳定地飘浮在鼻子前。开始的时候液体也会飘晃一下，然后就可以用嘴吸进去。注意：这需要熟练的操作技术！

2001 年，玛莎·艾文斯（Marsha Ivins）在国际空间站执行任务时，用她那迷人的秀发摆出的造型。（图片来源：美国国家航空航天局）

宇航员可以用铝袋喝饮品。铝袋中只有粉末（橙汁粉或咖啡粉），向其加水后放入塑料吸管即可饮用。如果不想全部喝完，可以用挤压器把塑料吸管密封起来，然后用魔术贴把袋子悬挂起来（毫无例外，在国际空间站上所有零部件都配有一块魔术贴），这样袋子就不会飘走了——这也不完全正确，因为大多都掉到再循环系统的进气口了。

宇航员如此睡觉

宇航员有一个睡袋可以用于睡觉。手臂穿过睡袋侧边的开口，把拉链拉到肚脐的位置就可以了。使用睡袋的唯一目的是：防止飘浮。为此，带有魔术贴紧固件的睡袋要么贴在铺位的墙上，要么任何人都可以将其"挂"在国际空间站上的任何空地。

睡眠的难题是睡眠质量。在地球上，人们可以躺在房间一角的床上，也可感觉到身上盖的毯子。在陌生的失重状态下，身体感觉不到任何东西，因此有暴露在环境中的无助感。这就是许多宇航员睡眠质量不好的原因。在空间站安眠药很常见。除非在一天的辛苦工作之后已经身心疲惫，一切都无所谓了，才会像土拨鼠那样"摔倒"睡死过去。

我那时就这样。

　　刷牙和在地球上一样。只是刷完后需要把漱口水吐到毛巾上或咽下去。

　　可以用老式的电推剪剪头发，但需要用抽吸软管收集碎发。在剪头发的过程中也不可以使用电子设备。

太空中的性行为

本章将分为三个单元讲述太空中的性行为。

（一）典型的美国人

作为宇航员，我们根本无法回避这个话题。除了太空中的厕所之外，性行为是大众对航天最着迷的话题了。换而言之，如果我介绍失重状态下的知识，例如，空间站各项经济支出的目的，您也会立刻读下去。因为空间站取得了太多好成绩了，不是吗？……但我知道您现在不想关心这些琐事了，而是只关心我上文提到的话题。那么我们开始了。

美国国家航空航天局研究

据法国天文学家兼作家皮埃尔·科勒（Pierre Kohler）在其著作《最后的任务》①中所述，早在1996年，即国际空间站开始建造的两年前，美国国家航空航天局就已经开展了一项主题为失重状态下的性行为的研究，以"满足宇航员在长期任务中的需求"。作者从美国国家航空航天局编号为12-571-3570的报告中找到了一些实证，但是

---

① 《最后的任务》（*La Dernière Mission*），卡尔曼·利维（Calmann Levy）译，2000年。

该报告在互联网上公开了数年后就被美国国家航空航天局撤回了，也是够怪的。

该研究的目标和结果汇总如下："这项实验的目的是为配偶团队做好准备，一旦美国空间站进入轨道，他们将长期停留在太空。为了实现这一目标，参与者尝试了一些可能的姿势，允许配偶即使在失重的情况下也能履行婚姻之实。航天飞机在执行 STS-75 任务期间提供了合适的失重条件。我们的一个结论是，在'零重力'条件下，尽管有可能实现令人满意的性行为，但许多夫妇很难适应我们认为最合适的姿势。"官方调查结果也就这么多了。

美国国家航空航天局第 8 号实验

这一最终结果汇总并不让人意外。航天飞机在执行 STS-75 任务中的"实验 8"期间，如果没有松紧带和塑料隧道，那么一切免谈，因为测试对象必须滑入其中，或者紧紧地依偎在一起。宇航员尝试了十种不同的姿势。由于失重的原因，连在地球上广受欢迎的传教士姿势也特别糟糕。通过该报告可知，如果女人倒挂在男人身上，她的头抵在他的膝盖，膝盖抵在他的胸前，这种姿势效果会更好。

令人惊讶的是，原本拘谨的美国人不仅进行了如此精细的实验，甚至是在干净明亮的美国国家航空航天局完成的，而且他们还向公众提供了一份非常详细的总结报告。在查看航天飞机上 STS-75 的任务数据时会意识到只有男性参与了"婚姻之实"的实验，这就更加令人咋舌了。美国国家航空航天局是否能在不引起公众注意的情况下将一名女性偷运到飞船上？当然不可能，因为自从 1986 年 1 月挑战者号灾难以来，出于安全原因，一次最多只允许搭载 7 名宇航员。换言之，7 个人就是搭载上限。因此，飞船上绝对没有女人。这样一来美国国家航空航天局的这份实验报告也就受到了质疑，因为类似的一份报告早在 1989 年 11 月 28 日的性问题网站的新闻中便已公布，但 STS-75 任务是在 1996 年 2 月及 3 月展开的。这明显有问题！

相当拘谨，报告不实

美国国家航空航天局发言人布莱恩·韦尔奇（Brian Welch）表示："从来没有过这样的实验。"他沮丧地补充道："令人难以置信的是，各大新闻媒体甚至都没有想过向美国国家航空航天局求证。"美国国家航空航天局并不否认太空中可能存在性行为，但这是宇航员的私事，绝不是实验。美国国家航空航天局发言人埃德·坎皮恩（Ed Campion）也愤慨地表示："我们没有进行任何性行为实验，也就是说，我们至今没做过这个实验并且我们也没打算在未来某个时候做！"

那么美国国家航空航天局对太空中的性行为有什么看法呢？所谓的美国国家航空航天局编号为 12-571-3570 的报告无疑是造假。总的来说，美国国家航空航天局对太空中的性行为话题十分敏感，就像魔鬼害怕圣水一样，不仅因为美国人本身对这类"事情"就非常谨慎，而且据一位关心这个话题的美国国家航空航天局员工说："我们不会让公众认为，我们在空间站开设了一间由美国纳税人资助的星际妓院。"

简·戴维斯（Jan Davis）和马克·李（Mark Lee）夫妇一起搭乘航天飞机执行任务STS-47，但他们工作班次不同。（图片来源：美国国家航空航天局）

诚然，拘谨的美国人会尽一切努力避开这个令人讨厌的问题。例如，已婚夫妇马克·李和简·戴维斯就是一个例子，马克是一名空军军官，简是生物学家和工程学博士。两人在美国国家航空航天局工作时相识，在飞行任务训练期间结婚并于1992年9月乘坐航天飞机执行任务STS-47。他们在太空的蜜月肯定不像一般蜜月那般浪漫。

由于航天飞机在飞行甲板或甲板中间位置经常充斥着吵闹声，因此并无隐蔽角落，除非有人挑衅性地使用小窗帘，将大约3平方米的小厕所与甲板中间的其他部分隔开以营造出一个隐蔽角落。为了阻止这种行为的发生，以及避免人们对航天飞机的"干净"产生怀疑，马克和简被安排在两个不同的工作班次执行任务。

因此，请放心，在航天飞机上和空间站中的美国区域从未发生过性行为。不过，俄罗斯人呢？对此，我们将在下文进行叙述。

（二）喜欢探索的俄罗斯人

其实，在太空轨道上确实曾发生过性行为。但俄罗斯人说，这纯粹是为了"科学"。

有一点毋庸置疑，太空任务中的女性对宇航员之间的人际关系有着积极的影响。美国人早就知道了。这便是他们在每次航天飞行任务中尽可能安排一名女性宇航员的原因。虽然女性宇航员在世界各国都普遍不足，但即便如此，美国国家航空航天局仍定期将女性宇航员送往空间站。

根据美国国家航空航天局的说法，女性更适合做宇航员，因为她们在麻烦且让人闹心的日常琐事中表现得更加稳定，同时也不"爱发牢骚"。此外，据说男性宇航员在女性宇航员面前彼此之间更有礼貌并且"不那么粗鲁"。这点可以通过和他们连线时较为舒适的沟通氛围中表现出来。

位于莫斯科附近星际小镇俄罗斯宇航员中心的前负责人别列戈沃伊（Beregovoi）曾说道："我们注意到，在训练过程中，一个既有男性也有女性的团队，其工作氛围和情绪要比只有男性的团队好得多。不知何故，女性对团队关系起到了非常积极的影响，进而提高团队的工作效率。"

俄罗斯人与美国人截然不同

但是当男人和女人一起搭乘宇宙飞船时，地球上的人们总会幻想他们会不会在太空做爱。与美国人不同的是，俄罗斯人对这一辛辣话题更为开放。这一点在美国总统比尔·克林顿和他的实习生莫妮卡·莱温斯基的性关系中展现得淋漓尽致。俄罗斯人无法理解为什么美国人会为此蒙羞，甚至想把总统赶下台。相反，俄罗斯人觉得，"终于有一个比较正常的美国总统了"。他们也希望有一个这样的总统！但是普京并没有试图通过性关系来维护其男子汉形象，而是通过钓鱼以及光着上半身带着步枪骑马打猎等来维持。

于是，出于对科学的好奇，大部分俄罗斯人在性方面上比美国人"对这类实验的态度更为宽容"。莫斯科著名的生物医学问题研究所（Institute of Bio-Medical Problems，简称为IBMP）的科学家柳博芙·谢洛娃（Lyubov Serova）在2000年3月接受太空网（Space.com）采访时证实，几十年来，生物医学问题研究所一直在从事"太空中生物的两性研究"。

这种"两性实验"计划在哪些可行任务上完成？1963年，第一位进入太空的女性瓦莲京娜·捷列什科娃（Valentina Tereshkova）搭乘沃斯托克6号与在沃斯托克5号中的瓦列里·贝科夫斯基（Valeri Bykovsky）会合。然而，她是否还和他幽会过仍然值得怀疑，因为这是唯一一次女性和男性单独在太空中的飞行。但是不管怎么说，在这次飞行中并未孕育出新的地球公民。然而，据说俄罗斯方面催促过瓦莲京娜和安德里亚·尼古拉耶夫（Andrijan Nikolajew）博士结婚，后者曾在 1962 年作为宇航员上将在太空待了四天。有内部消息说这是因为科学家们想弄清楚两位宇航员所孕育出的孩子是否会不同寻常。事实上，他们婚后孕育了一女叶连娜（Jelena），这个孩子一切如常。但是，这段婚姻并没有维持多久，瓦莲京娜和安德里亚很快就离婚了。

在和平号空间站做爱？

我个人认为，1996 年时值 53 岁的美国宇航员珊农·露茜德（Shannon Lucid）在空间站停留的六个月内不可能与别的宇航员有任何亲密接触。历经六七个月的飞行，俄罗斯宇航员都十分尊重露茜德超凡的航天经验，也格外欣赏她的果敢以及和蔼可亲的性格，据说基于她这种性格一切事务可以尽在她的掌控之中。

我的宇航员同事乌尔夫·默博尔德（Ulf Merbold）在谈到他的同事叶莲娜·孔达科娃（Yelena Kondakova）时说，"叶连娜非常漂亮"。乌尔夫和她于 1994 年在空间站的一个月表现出非凡的魅力。但是，这位已婚宇航员在外太空与其他男同事一起工作的近六个月关系却一般。俄罗斯人瓦列里·波利亚科夫（Valery Polyakov）当时是空间站训练有素的医生，他至今仍保持着 437 天之久的太空停留世界纪录，他在接受报纸采访时曾抱怨过叶莲娜："我与叶莲娜·孔达科娃之间确有矛盾。在她看来，我对她的关注不够。"但凡了解波利亚科夫的人都能很好地理解叶莲娜这一行为，毕竟波利亚科夫太过内向和孤僻。不过也正因如此，他才是创造这项纪录的最佳宇航员，其他人都绝无可能。

在那之后，又有两位女性宇航员到访空间站，分别是：1991 年 5 月到访的英国女性宇航员海伦·沙曼（Helen Sharman）和 1996 年 8 月到访的法国女性宇航员克劳迪·安德烈-德沙伊斯（Claudie Andre-Deshays）。但她们在这个满是男性的基地里仅分别停留了 6 天及 14 天。虽然时间不短，但是并未取得进一步的成果。"她们那时是否在那做过爱？"这个问题应是她们的个人隐私，就像我们每个人在某个地方都可能有自己的小秘密一样。

所以还是……

1982 年 8 月 19 日至 27 日（为期 8 天），当时未婚的
34 岁的萨维茨卡娅·萨维茨卡娅（Svetlana Savitskaya）
到访萨尔朱特（*Saljut*）7 号轨道站，当时两位男性宇航
员作为长期班组成员在那等待她，这完全可以被看作是在
太空中进行的第一次生育尝试。因为太空医生兼生物医学
问题研究所负责人，以及当时的队医奥列格·格奥尔基耶
维奇·加岑科（Oleg Georgievich Gazenko）教授曾发表
声明并反复表示，此次飞行正是出于这一目的。萨维茨卡
娅·萨维茨卡娅每次都在她的受孕期时抵达那里，这难道
是巧合吗？

正如我们从阿纳托利·别列佐沃伊（Anatoly Berezovoy）
的日记[①]中了解到的那样，到访前的气氛非常紧张。当时，
他与瓦伦丁·列别杰夫（Valentin Lebedev）一起作为萨
尔朱特 7 号轨道上的长期班组成员，其间他还写了一本日记，
直到他于 2014 年 9 月去世后，他的妻子莉迪亚·别列佐瓦
娅（Lidia Berezovaya）才将这本日记公开。在书中他写道，

---

① 摘自《宇航员日记》，《美国航空航天》，2015 年 5 月，第 38～45 页。

一方面他对萨维茨卡娅的飞行技巧印象深刻。那时她保持着3项跳伞世界纪录和15项喷气式飞行世界纪录。

另一方面，别列佐沃伊强调，当时只有男性可以在苏联执行太空飞行任务，包括他在内的宇航员们都将太空中的女性宇航员看作"与众不同"的存在。因此，他们俩都很高兴"可以将萨尔朱特厨房的工作交给萨维茨卡娅"。为了表明这一点，当萨维茨卡娅于8月20日抵达萨尔朱特7号轨道站时，他俩还特意送了她一条厨房围裙。他们还为她准备了"站内最舒适的睡眠位置，即右侧墙壁"。然而，据说萨维茨卡娅在到达时断然拒绝了这份礼物，并要求他们俩像以前一样继续在厨房工作。

关于船上五名宇航员的八天共处日常，列别杰夫也曾写道："她（萨维茨卡娅）貌似也在（前往空间站的）运输舱里花了很长时间整理自己的妆容（……），就像每个化妆打扮的女人一样。""当萨维茨卡娅登船时，船上五名宇航员的行为举止跟以前有所不同。比如，他们几乎每天刮两次胡子，并帮助她进行生物太空实验。她也做了一些后厨工作，就连不喜欢番茄的索洛维耶夫（Solovjev）

也'很高兴'地吃了萨维茨卡娅煮的番茄。"[1]

在萨尔朱特7号轨道站中的阿纳托利·别列佐沃伊和萨维茨卡娅·萨维茨卡娅。（图片来源：俄罗斯联邦航天局）

　　这些说法不仅前后一致，而且令人信服。当时的美国和俄罗斯还处于冷战状态，作为继加加林之后在太空中的第一批俄罗斯人，捷列什科娃是太空中的第一位女性，列昂诺夫（Leonov）是第一位在太空行走的人，他们将自己视为航天先驱，在这个领域他们始终领先美国人一步。第一代航天这个概念非常适合。然而，加岑科对他当时的德籍医学同事汉斯·吉多·穆特克（Hans Guido Mutke）是这样说的："当时并没有人怀孕。"因此，毫无疑问，他们并未在此期间孕育后代。

---

[1]　摘自《SOVIET空间站模拟》，第二版，1986年8月，第Ⅲ部分，第79页和80页。

（三）三只海豚俱乐部

在国际空间站做爱?

　　尽管在男性主导的国际空间站上仍有许多女性宇航员，但国际空间站上男性宇航员本能的性行为最初所面临的问题是，他们在地球上时性欲有时都会受到影响，而在太空中这种情况就更加明显了。因为已经证实，失重对人体激素平衡有强烈影响，尤其是对睾丸激素，这种影响在宇航员到空间站几周之后才会逐渐消除。①

　　真正吸引公众眼球的是，国际空间站上可能从未发生过性行为，因为自从 1997 年（也就是在建造国际空间站之前）具有"冒险"精神的俄罗斯人叶莲娜·孔达科娃搭乘 STS-84 飞行以来，再没有其他女性进入太空，直到 2014 年 9 月 26 日叶莲娜·谢洛娃（Yeena Serova）的出现。您可能会难以置信地揉揉眼睛，但事实就是这样。为什么会是这样? 因为俄罗斯人与美国人不同，在太空中男性宇航

---

① 摘自《明镜》周刊 1997 年第 27 期第 164 页采访："性欲严重受限"（Libido stark beschricht），www.spiegel.de/spiegel/print/d-8736950.html。

员与女性宇航员之间曾有过糟糕的经历。在目前29名现役俄罗斯宇航员中，安娜·尤里耶夫娜·基基娜（Anna Yuryevna Kikina）是唯一的女性。据说令俄罗斯人震惊的是，第一位进入太空的女性瓦莲京娜·捷列什科娃在1963年第一次也是唯一一次飞行中表现得相当糟糕（人们起初只在背后谈论此事，但一段时间过后这件事自然就传开了），以至于俄罗斯人此后很少招募女性进入宇航员队伍。

此外，国际空间站上的美国宇航员非常清楚美国国家航空航天局对他们的期望，否则他们返回地球后肯定会被解雇。因此，可以毫无疑问地排除美国人在国际空间站上发生性行为的可能性。是的，你会想问，美国国家航空航天局到底该如何印证这一点呢？嗯，其实国际空间站上几乎每个角落都安有摄像头进行实时监控，即使是发呆时挖鼻孔也很难不被发现，而且太空中也没有杂物间。

这是怎么做到的？

当然，从理论上讲，这一切都已被证实。已过世的德国航天医学联合创始人兼妇科医生汉斯·吉多·穆特克博士是20世纪90年代太空性行为研究领域的世界顶级专家（也是"空中和太空中的女性"研究课题组负责人），他认为失重受精完全没问题。他检查了女性的"输卵管、子宫和阴道之间走向和形态的变化"，发现失重状态对此并无特殊影响，并且对男性的精子也没有特别影响，这是因为精子在地球上也几乎没有重量，而且其密度与水一样。因此，穆克曾在接受《明镜》周刊采访时表示："在太空飞船上，精液进入子宫和输卵管的过程不会发生任何重大变化。"①

唯一的问题是，在太空上具体是如何进行的呢？穆克对此加以研究并得出了如下惊人结论："失重状态下反冲原理适用：在互相对立的方向上进行运动会导致参与其中的身体以加速状态彼此分离，直到他们撞上舱壁。"

那么该怎么办呢？对此，美国航天作家 G. 哈里·斯泰恩（G. Harry Stine）从海豚身上得到以下启发：将两个人粘在一起，第三个人推动他们两个做爱。因此，在一篇文章中，他将轨道上情侣宇航员做爱时所在的小圈子称为"三只海豚俱乐部"②。

由于这是件较为轻松且亲密的事，因此其前提条件是，

---

① 摘自《明镜》周刊1992年第09期，第237～240页，www.Spiegel.de/Spiegel/print/d-13687195.html。

② 摘自《科幻和科学事实杂志》，1990年4月，第CX卷，第5期；第106～108页。

需要至少一个稳定的性伴侣，"否则会有瘀伤"，穆特克如是说道。这确实不难理解。根据穆特克的说法可知，原则上有两种解决方案：一种是借助性活动的辅助杆（Auxiliary Pole For Sexual Activities，简称为APSA，也可以说是快乐杆）；另一种是将一位伴侣通过腰带固定到短而结实的工具上，另一个精力充沛的伴侣便可借用航天飞机地板上安置的脚环以及天花板上安置的扶手（不过安装这些起初可不是为了这个目的），这些拉环就像今天在国际空间站上看到的那样，类似于公交车的拉环。

银河系上的欢愉

与此同时，此举亦为轨道飞行提供了欢愉，"这应是看向地球时我能想象到的最酷的事"。一位航天迷在给我的一封信中如是写道，但他明确要求我不要透露他的姓名。

我不禁怀疑是否真的有这种银河系上的欢愉，毕竟安装在国际空间站各个角落的摄像机可监视宇航员的活动，几乎全世界都可以看到他们的一举一动。由于"老大哥效应"（Big-Brother-Effektes）和亲密关系缺失，即使在国际空间站繁忙期，"三只海豚俱乐部"的参与者也不太可能增加许多。不过就算是"没有（性行为）"也不碍事，很快就能熬过去，毕竟在太空最长也仅可逗留六个月。

　　不过，美国国家航空航天局的计划制定者必须认真考虑未来，至少为近3年之久的火星任务做筹划。在如此漫长的任务中，出于社会和群体原因，女性是不可或缺的。此外，这一旅行离"老大哥"渐行渐远，旅途中并无太多事情可做，因此一定要有一个一切如常的生活，这（仅）对已婚夫妇尤为重要，丹尼斯·蒂托（Dennis Tito）由此提出了"灵感火星计划"（Inspiration Mars-Mission）。

　　如果您像之前的一些人一样怀疑我没有在太空性爱文章透露个人的航天体验，那我不得不让您再度失望。因为在1993年，我的航天任务只持续了十天，并且机组人员全是男性。我还需要再说别的吗？

在太空能看见长城吗？

此类关于航天的传言是否属实？以下是航天飞机宇航员、物理学家以及两名阿波罗宇航员给出的回答。

关于航天有很多传言。其中包括"特氟龙平底锅来自航天""宇航员每天都带着离心机飞行"和"宇航员只通过管子进食"。这些都不属实。那另一则传言呢，即可以从太空看到长城？也就是"能从航天飞机或空间站上看到长城吗？"。

人眼的分辨力

答案没有那么难，毕竟人眼的最大分辨力是众所周知的。在视网膜上最清晰的中央凹陷区域，视锥细胞之间的平均距离约为 2.5 微米。根据埃姆斯利和古尔斯特兰德的简化眼（或称模型眼）[1]，中央凹陷区到眼睛的光学节点的距离约为 17 毫米，因此理论上眼睛最小角分辨率[2]可达 $0.0025 / 17 = 0.000147 rad = 30''$（弧秒）。此外，作为孔径光阑[3]，光线在瞳孔处发生衍射。这在生理上产生了 $0.61 \cdot \lambda / D$ 的角度不确定度。如果只考虑太阳光的主要光谱成分，即

---

[1] 简化眼是一种简化了人眼的折光系统的成像模型。——译者注
[2] 角分辨率是指成像系统或系统元件能有差别地区分两相邻物体最小间距的能力。——译者注
[3] 在光学系统中限制成像光束口径，或通过限制成像范围的光学元件称作"光阑"，限制最多的就称为"孔径光阑"。——译者注

波长 $\lambda = 0.55$ 微米的绿光，通常的瞳孔直径 $D = 3$ 毫米，则此衍射不确定度为 23 弧秒。这两个误差加在一起导致平均角度误差为 38 弧秒。这一结果与宇航员在太空中的视敏度结果一致。因此，与 $1.0' / 2.0 = 30$ 弧秒的角分辨率相对应，最大距离视力约为 2.0。在高对比度的情况下，人眼可以通过微扫视提高分辨率，这种微扫视是一种极其微小甚至是肉眼都无法察觉的震颤。这使得原本落在两个视锥细胞之间的尖锐结构可以转移到相邻的视锥细胞上。现代数码摄影技术也在一定程度上利用了这一原理。高对比度下的最小角度分辨率测量结果为 14 弧秒。显然，通过微扫视，眼睛可以将角分辨率提高一倍以上。

航天飞机在离地 300 千米上空，14 弧秒至 38 弧秒的角分辨率对应地面上的分辨率是 20 米至 55 米。这与我在 1993 年执行 STS-55 任务时的经验是一致的。在本人的另一本书《90 分钟内环游地球》中，我给出了最小地面分辨率，即大约 30 米。

如果宇航员以 20 米的高对比度描述地面分辨率，那么当太阳斜照在中国长城上并投射出一个棱角分明的阴影时，就可以从航天飞机或距地表 350 千米的国际空间站直接用肉眼看到中国长城。然而，从太空识别中国长城的问题不在于边缘视敏度，而在于宇航员须明确在哪里能找到这条细线。这就是很难从太空看到长城的原因。

就连中国航天员杨利伟和在国际空间站上待了五个月之久的加拿大宇航员克里斯·哈德菲尔德（Chris Hadfield）也曾表示，他们未能看到这座历史建筑。任何想亲眼看到中国长城的人都应该观摩这样一张照片[①]，这张照片展示了2004年首次从国际空间站拍摄到的中国长城，其分辨率与人眼基本一致。[②]

如果身处大气层中遥视地球，视力（受大气波动影响）会降低 14 弧秒的视敏度。但是如果身处太空，避免大气波动的影响，视敏度便不会受到视力的影响（参见笔者另一部书《90 分钟内环游地球》中"与玛丽莲·梦露一起看地球"一章）。这种情况下，人们可从太空获得极佳的视敏度。

传言的起源

如果探究从太空看到中国长城这一传言的起源，便可

---

① 摘自：eol.jsc.nasa.gov/SearchPhotos/photo.pl?mission=ISS010&roll=E&frame=8497。

② 如果您无法在这张照片中找到长城，还可访问 www.nasa.gov/vision/space/workinginspace/great_wall.html。

追溯到阿波罗时代。当时的传言是："中国长城是唯一可以从月球上看到的人类杰作（包括城市等）。"由于我无法根据自身经验回答这个问题，因此我求助于两位宇航员同事——查尔斯·M. 杜克（Charles M.Duke，阿波罗16号，第五次登月，1972年4月）和尤金·A. 塞尔南（Eugene A.Cernan，阿波罗17号，第六次登月，1972年12月），并请他们作出解释。

以下是他们给出的回复的译文（方括号是我的补充）：

查尔斯·M. 杜克（阿波罗16号）："我不认为从月球上可以看到任何人造物。没有人能从月球上看到长城。从月球上根本看不到大城市或任何人造物。从月球上光是看到大陆就已经够难的了。（……）从月球上看到长城就是一则传播较广的谣言。我也不知道这个想法从何而来。"

从月球上看到的地球是"被海洋和云层所覆盖的"。（图片来源：美国国家航空航天局／阿波罗11号）

尤金·A.塞尔南（阿波罗17号）："无论是用肉眼还是用阿波罗号上配备的望远镜，从月球这么远的距离根本看不到任何人造物。（……）然而，还是可以在200到300英里高度［300到500千米，即从航天飞机到地球轨道］的太空中看到中国长城。此外，我还可以用肉眼在双子星9号上看到休斯敦的圆顶体育场［他此次绕地球飞行任务是在1966年6月］。但这些人类杰作（包括大城市），无论白天还是黑夜都无法从月球上看到。（……）应该清楚地知道，地球看起来大约是月球的4倍［从月球上看］，它被海洋和云层所覆盖。从月球上，看到的是上帝创造的地球，而不是人类创造的杰作。"

从理论上讲，我们没有别的期望，因为地月距离已达38万千米，想要从月球看到长城，那么人眼的角分辨率需要达到20米/38万千米＝0.01弧秒，显然这远远超出了人类肉眼的极限。即使借助一台很棒的可以放大100倍的望远镜，角分辨率仍然不足所需的14弧秒的十分之一。

太空中的肥皂泡

宇航员非常喜欢在太空中做小实验。宇航员亚历山大·格斯特（Alexander Gerst）计划在太空中制作肥皂泡。于是11岁的路易斯·格特（Louis Gött）想事先从我这了解一下，将会发生什么。

亲爱的乌尔里希教授:

我是路易斯,今年11岁。我一直对太空很感兴趣,此外,我还喜欢肥皂泡。我这有一个问题,但是迄今为止没有人能给我一个合理的答案。肥皂泡在太空中是什么样的,即不是在失重状态下,而是在太空中。我迫切地等待着国际空间站发布最新的肥皂泡实验照片。之前这个问题的答复是,它们会破裂、冻结,它们在真空中的表现和在地球上一般无二,但并没有给出可信的理论依据。或许您能给我一个答案(美国国家航空航天局压根就不想给我解释),为此我将非常感激。

感谢您的帮助,祝您度过一个美好的夏天。

祝好!

路易斯·格特

我在2014年7月1日收到了路易斯的这封电子邮件,随后便于7月17日在国外长途旅行的回程中针对他的问题作出了回答。不过,就在7月10日,亚历山大·格斯特在太空中做了肥皂泡实验。我下面的回答不仅得到了实验的证实,而且还解释了为什么会是这样的。

亲爱的路易斯,肥皂泡是一层薄薄的肥皂水膜,中间包裹着一定量的空气。因此，当你将它们带入太空的真空环境时，你就会立刻清楚地看到究竟会发生什么。气泡内部压力会导致气泡立即破裂。因为地球上的内部压力和外部压力是相同的，所以这种情况在地球上不会发生。然而，国际空间站并非真空环境，如果是的话，宇航员在空间站里也得像在太空行走那般一直穿着配有头盔的宇航服。这是不切实际的。相反，国际空间站有着与地球相同的（人造）大气环境，因此也有着相同的气压，即 100 千帕。顺便说一句，肥皂泡不会冻结，因为蒸发潜热[①]的冷却过程明显需要更长时间。此外，即使是冻结的气泡表面也无法承受气泡内部压力。那么国际空间站上失重状态下的肥皂泡会发生哪些变化？要搞清楚这一点，我们必须知晓其内部原理。

首先是洗手

有一个非常简单的解释。肥皂泡表面看起来就像一个汉堡：两层脂质（像是汉堡的面包层）将中间的一层水（汉堡肉）夹在一起。接下来给出更详细的解释：脂质是一种

---

① 蒸发潜热指常温下，液态物质转化为气态物质所需要的能量。——译者注

有机分子，一方面具有疏水（亲油）的长烃基链，另一方面具有吸水（亲水）基团，即羧酸基（$-COO^-$）。

肥皂是由脂质制成的，所以人们用肥皂制作肥皂泡。当用肥皂洗手时，它的疏水长烃基链便会附在手上的油污上。再用水洗手时，水分子不会破坏油污而会通过黏性脂质将污垢从手上拉下来，从而使其溶解在水中并被冲走。虽然污垢对肠胃有好处，但妈妈们还是喜欢用肥皂清洗掉，因为她们总是希望一切都一尘不染，为此她们最喜欢用萨罗坦（Sagrotan）给孩子全身消毒除菌。于是你会说："那样做的话会患上神经性皮炎。"随后便立即打破了这一固有思维。倘若必须经常洗手，你也得这样说。如果已经患有轻度神经性皮炎，那么你最好去农场度假，毕竟从农场回来之后你的神经性皮炎通常会消失，只有这样，妈妈们才能对孩子手上的污垢以及整个房子里的污垢恢复一颗平常心。

肥皂泡的内部原理

我跑题了。总之，气泡表面内外的两层脂质将水夹在中间，因此肥皂泡具有稳定性，否则它根本无法存在。现在，如果在地球上用吹泡泡环吹出一个肥皂泡，接下来通常会发生如下情况：一开始，因为水层厚度略有变化，气泡会闪烁着七彩光。在肥皂泡表面较薄的地方由于光干扰（可上网查阅或询问物理老师）会闪烁着点点蓝光，而肥皂泡表面较厚的地方则闪烁着红光。但是由于地球上的重力，脂质层之间的水最终会流到气泡底部，在那里形成了肉眼可见的水滴。同时，气泡像窗户上的玻璃一样从上到下变得透明。这意味着：当心，现下那里的水层如此之薄，以至于肥皂泡会随时破裂。是的，通常不会很久，气泡就爆了。

国际空间站上的肥皂泡

亚历山大·格斯特想看看在太空失重状态下气泡会发生什么（据我所知，目前还没有人提出这个想法）。现在你知道了地球上的气泡会发生什么，那么你就可以想象它在国际空间站上会发生什么。水不会流下来，因此（在气泡底部）不会形成水滴。由于气泡在任何地方都保持大致相同的厚度，因此气泡应该一直闪烁着七彩光。

但是其实，情况并非如此。因为还有其他干预可以使肥皂泡破裂。由于水的蒸发速度比水的流速慢得多，所以它在地球上无关紧要，但这一点在太空中却至关重要。脂质层很容易被水分子渗透，因此水会向外蒸发。这也会使肥皂泡变薄，但只会慢慢变薄，而且是在所有地方都变薄。这意味着国际空间站上的肥皂泡会慢慢变蓝，然后变透明，最后破裂。很难说气泡会在那里持续多久，因为这取决于亚历山大使用的肥皂的种类、脂质层厚度、国际空间站的湿度以及水蒸发速度。

如果观看亚历山大·格斯特的视频[1]，就会发现他制作的第一个气泡持续了 55 秒。如果你想知道可以用哪些技巧让肥皂泡在太空中持续更长时间，那么你应该努力成为一名宇航员，亲自前去一试。

亚历山大·格斯特在国际空间站上制作的气泡持续了整整 55 秒。（图片来源：欧洲空间局 / 德国宇航中心）

----

[1]   可访问 www.youtube.com/watch？v=vU70oGqu6zw。

颠倒的世界
——为什么刹车会加速
而加速会刹车？

想象一下，您在地球轨道上驾驶着宇宙飞船，想要超越前面的宇宙飞船的话您需要做什么？踩油门来提速？错了，当然是刹车！

太空旅行很累，但很有趣。在计算天体间的轨迹时，却也相当复杂。即使从地球到月球的轨迹看似简单，也不能通过简单的分析（即公式）来计算。如果宇航员想知道准确的飞行轨迹，他需要借助电脑。因此，阿波罗登月飞行与现代高性能计算机的开发及应用几乎同时，可以说这绝非巧合。

但仍有例外，即一个物体围绕另一个物体运动时的二体问题①的计算不难，老约翰内斯·开普勒（Johannes Kepler）在17世纪初就已经知道如何计算了，也因此成了第一个解决二体问题的人。计算方法并不难。小天体（如卫星或宇宙飞船）以椭圆、双曲线或抛物线轨迹围绕大天体（例如行星）运行。椭圆轨道是天体运行轨道中最容易计算的，并且大约90%的卫星和空间飞行器（如国际空间站）在椭圆轨道上围绕地球运行。维持在相同轨道高度运行是最实用的，并且产生的空气阻力也最小。

以航天飞机与国际空间站对接时的固定模式为例，任何想要与国际空间站对接的宇宙飞船都必须从国际空间站飞行方向的后面跟进。而航天飞机的对接端口位于国际空间站的

---

① 二体问题指两个天体在相互间万有引力作用下的动力学问题。——译者注

前部，因此，航天飞机不得不在国际空间站后方约 15 千米处开始"试图超车"。学生就宇宙航行这个问题特别喜欢问："指挥官会做出什么决定？"指挥官可能会下意识地说"踩油门"，即加速（一位学生曾幽默地说："先打转向灯！"），但这大错特错。可以看出，尽管加速会使宇航员短时内更接近国际空间站，但从长远来看，这会使他们和国际空间站之间的距离越来越远。

用刹车实现加速超越

正确答案是："刹车！"即减速。怎么会这样？好吧，如果宇航员放慢速度，他与国际空间站的距离最初会变大。但是，由于航天飞机在既定高度上的速度比以前小，因此其离心力也小于这个高度的重力。因此，航天飞机在减速时最初是向下沉的（见下页图）。

然而，在较低的绕地轨道上，其轨道（周长）小于位于较高位置的国际空间站所在的轨道。因此，尽管速度有所下降，但航天飞机绕地运行的时间比国际空间站绕地时间短。在绕地球一圈（90 分钟）后，航天飞机已经超越了后方的国际空间站，现在位于国际空间站前方了。此时为

了回到和国际空间站同样的轨道高度以及轨道速度，航天
飞机必须开始加速。之后，航天飞机就在国际空间站前面
了，可以"向后"与之对接。描述航天飞机在"试图超车"
时的曲线就是通常所说的延长摆线。

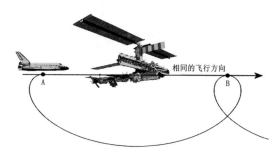

为了"超车"，航天飞机在国际空间站后面的A点刹车，最初会稍向后退，
但之后会从下方直接越过国际空间站。在B点时，航天飞机通过加速
回到原来的速度。如果不这样做的话，它将继续在摆线上向前飘移。
（图片来源：乌尔里希·沃尔特）

加速是为了降低飞行速度

第二个悖论（加速会刹车）看起来和第一个（刹车会
加速）好像是一样的，但其背后的物理原理略有不同。国
际空间站由于空气阻力而下降，因此它需要不时升高。为

了达到这一目的，进步号飞船与国际空间站的"后方"对接，并在很长一段时间内持续点燃发动机以不断地朝飞行方向加速前进。这样一来，国际空间站会提速。但是，由于提速离心力比以前更大，因此，会以螺旋曲线的线路缓慢上升，通常升高约 30 千米。地球轨道上的轨道速度计算如下：

$$v[\text{千米}/\text{秒}] = \sqrt{\frac{398600}{6378 + h[\text{千米}]}}$$

因此，如果国际空间站最初高度 $h = 350$ 千米，轨道速度 $v = 7.697$ 千米 / 秒，那么在新高度 $h = 380$ 千米，轨道速度只有 $v = 7.680$ 千米 / 秒。所以，国际空间站虽不断加速，但最终的轨道速度还是比以前低！这怎么可能呢？

原因如下：进步号通过加速的方式向国际空间站提供能量。但是，轨道能量由三分之一的动能 $E = 1/2mv^2$ 和三分之二的势能（地球重力场中的能量）组成，因此会发生以下情况：我们假设进步号可以使动能增加一个单位。增加的动能可以使国际空间站向外飘移转化为势能。然而，由于势能单位是动能单位的两倍，因此可以从国际空间站中提取另一个动能单位，并将这两个动能单位都并入势能单位。这样一来，国际空间站实际上失去了动能，因此在更高的轨道上飞行速度降低。

星际驱动器

什么是星际驱动器，以及哪种星际驱动器最有可能实现?

什么是星际驱动器？实际上，这不是一个固定的术语，而是指空间驱动器，它可以在恒星间穿梭，也就是说，可以从一个恒星飞向其他恒星。原则上，所有驱动器都适用，但实际上只有那些高效的且燃耗低的方可适用，即既定总动量（＝推力 × 燃烧时间 ＝ 推动宇宙飞船的总动力）驱动器。通常这种效率的衡量标准是特定脉冲，简称 I_{sp}。在采用后坐原理设计出的驱动器中，燃料几乎占了宇宙飞船的全部质量，因此，效率至关重要。一旦效率提高，无论提高多少，都会显著减小宇宙飞船的整体重量。而并非按照后坐原理设计的驱动器（如太阳帆）与星际旅行无关，或者是像阿库别瑞驱动器（见本书"曲速驱动器——工作原理"一章中"阿库别瑞的想法"一节）一般过于虚构。

致专家

驱动器的 I_{sp} 表示"每单位燃料质量的总动量"，根据公式：推力 × 时间 ／（质量 × 重力加速度）＝时间，使用时间单位。虽然时间这个维度可能看起来很特别，但这是因为驱动器的推力和驱动器中的燃料质量（单位：千克）无关，而与驱动器的重量（单位：牛顿）有关。

经典的化学驱动器

经典的化学推进系统，即化学驱动器（毫无例外地在所有火箭上投入使用）的特定脉冲通常为 300 ～ 400 秒。化学驱动器的效率最差，但其推力巨大（土星 5 号的发射推力高达 3400 吨！），完全可以对抗地球引力并将我们带入太空中。一旦进入太空，就有足够的时间慢慢地加速。这正是需要高效驱动器发挥作用的地方。因为即使是前往最近的恒星，无论采用何种驱动器（实际上只能达到光速的 10%），宇航员都要飞行数百年。

电驱动器

目前已实现的最高效的驱动器是电驱动器，即离子驱动器和霍尔驱动器。它们的特定脉冲为 1500 ～ 4000 秒。效果更好些的是可变比冲磁等离子体驱动器（Variable Specific Impulse Magentoplasma Rocket，简称为 VASIMR），该驱动器将用于国际空间站，可以使星际驱动器的特定脉冲达到 20000 秒。尽管电驱动器"每次推力消耗的燃料"要少得多，但它们需要电能来加速气体燃料，而气体燃料

必须由外部（通常是太阳能电池）提供（化学驱动器通过
燃料的化学燃烧产生这种能量）。在星际中无法使用太阳光，
因此需要在飞船上安装单独的发电站。这一方面需要通过
核能发电才能实现，另一方面，由于自重过高，承重优势
几乎被燃料携带量过低所抵消。

美国国家航空航天局的格伦研究中心（位于美国克利夫兰）在测试期
间使用的一台 13 千瓦的霍尔离子驱动器的原型。（图片来源：美国国
家航空航天局）

核动力驱动器

为什么不直接使用核能加热燃料，从而实现加速呢？这正是核裂变驱动器（基于重核的核裂变）以及核聚变驱动器（基于轻核的核聚变）的原理。第一个被建造的核裂变驱动器是火箭飞行器用核动力发动机（Nuclear Engine for Rocket Vehicle Application，简称为 NERVA），但由于其投入应用不足并且在太空中也禁止做核试验，因此，自 20 世纪 60 年代起便终止了对火箭飞行器用核动力发动机的开发（火箭飞行器用核动力发动机及其改进类型的驱动器的 $I_{sp} \approx 1000s$）。

采用 $I_{sp} \approx 5000 \sim 50000s$ 的核脉冲驱动器的效率会更高。我个人认为，在不久的将来，核脉冲驱动器是最好用的驱动器，不过，只有当所有国家都认可这种驱动器并不是太空核武器时，它才不会被禁。然而，倘若宇宙飞船前往距离地球最近的 4.3 光年外的半人马座阿尔法星（Alpha Centauri），那么在启程时其核脉冲驱动器就已经重达 40 万吨，其中 30 万吨是核燃料，即便如此，仍需 100 多年才可以抵达。

反物质驱动器

终极驱动器当然是反物质驱动器，理论上，这一驱动器在 I_{sp} = 1800 万秒（实际上更准确的 I_{sp} 大约是 100 万秒）时不仅效率极高，而且推力也很强。但是一方面无法处理这种驱动器在地球上产生的数吨反物质，另一方面在高密度宇宙飞船中也无法储存反物质。因此，这种驱动器在太空中基本不可能实现。

航天驱动器
——真正起作用的是什么？

在未来 50 年内，哪些航天驱动器是真正可行的？我经常被问到这个问题。

物理基础

　　航天驱动器的任务是产生使宇宙飞船加速的推力。加速度意味着速度的变化（Δv），也意味着动量的变化（$\Delta p = m_R \cdot \Delta v$，其中 m_R 是宇宙飞船的质量）。

　　为什么我要说这个？因为包含"动量"的问题通常是物理守恒量的问题。它不能从无到有地被创造出来，但如果我需要动量，那么我必须同时产生相同数量的反向动量。假设宇宙飞船最初是静止的，所以 $p = 0$，由于我需要 $p = m_R \cdot v$，这只有在 $m_R \cdot v_R - m_T \cdot v_T = 0$ 时才能实现（其中，T 表示燃料）。因此我只能通过以速度 v_T 向后扔掉质量（燃料），宇宙飞船才能向前移动。

　　另一个例子：当我划船时，我用两只桨的叶片向后"抛"水（因为水的黏滞性，"抛"的不仅仅是叶片中的水量），但我也可以站在船上把水或石头扔回去。两者都称为反冲原理[①]。

_____

① 反冲，指一个静止的物体在内力作用下分裂成两个部分时，一部分向某个方向运动，另一部分必然向相反方向运动。——译者注

反冲驱动器

在扔掉石头（燃料）时，我有两种选择：要么快速扔掉小（低质量）石头，要么慢一点扔掉大石头。由于 $m_T \cdot v_T$，我总是得到相同的向后动量，因此小船向前的动量也相同。经典的航天驱动器，即通常所说的反冲驱动器，其工作原理与上文介绍的完全相同。化学驱动器可以以 3～4 千米／秒的速度喷射出大量气体，从而实现 100 吨甚至更高的推力。电离子驱动器和霍尔驱动器以 30～40 千米／秒的极高速度发射极少量气体。目前，它们的最大推力为 100 克且只能在真空中实现。

许多人认为，前推力的决定性因素不是能量，而是大量抛掉的物质及其速度。因此，具有反冲驱动器的宇宙飞船通常是由 90% 或更多的燃料物质组成。即使是柯克船长的亚光速动量驱动器也无法避免这一点。那么企业号航空母舰上的巨大储罐在哪里？只需要能量以动能的形式为质量提供速度就可以。

化学驱动器与电驱动器

可以通过名字来快速定义应用领域。在启动时，由于火箭的初始重量很大，因此需要经典的化学驱动器，并且如果核驱动器继续被禁止，化学驱动器则将持续使用几百年（请参见本书"星际驱动器"一章中"核动力驱动器"一节）。只有在真空环境的太空中，当宇航员有足够的时间飞到其他星球时，才需要持续运行的离子发动机。因为，它们恒定的小幅推力只会使速度小幅增加，但从长远来看，Δv 的表现不错。

另外，两者之间还有两个重要区别：化学驱动器的燃料通过燃烧产生加速的能量，此外，燃烧室中的气体压力也使燃烧加速。用于加速离子驱动器中推进剂的电能则必须从外部提供。例如，100 克推力通常需要 50 千瓦功率（！）。如今，可以使用巨大的太阳能电池来提供充足的电力，但由于太阳光的减少，目前只能到达火星附近的地方。此外，化学驱动器还需要小型核电站，放射性同位素电池对此来说太微不足道了。相比之下，离子发动机和霍尔驱动器的效率要高出其 10 倍。这意味着，对于相同的动量增益，它们只需要化学驱动器燃料物质的十分之一。由于飞往其他

天体的航班需要的化学燃料通常要占宇宙飞船质量的 90%
至 99%，离子发动机和霍尔驱动器的高效性占很大优势。
因此，在未来 30～50 年内，如果有强大的动力源，它们
可能会主导行星际航天①（但是其重量也是需要重点考虑的
问题）。

核动力驱动器

核动力驱动器（例如，猎户座计划或聚变驱动器）是
将只能实现"大推力或大效率"的困境扭转为可以同时实
现"大推力和高效率"的一个办法。在没有外部能源供应
的情况下，核动力驱动器可以以高达 50 千米／秒的燃烧速
度产生数吨推力，它甚至可以在大气压条件下工作，因此
也可以在地球上起飞时使用。预计将在未来 50～100 年内
投入使用。然而，由于 1963 年出台的《禁止在大气层、外
层空间和水下进行核武器试验条约》，这种驱动器现已被
取缔，无法使用。不过，对于需要进入太空深处执行的重
要任务，宇航员不可避免地需要使用它。

——————————

① 行星际航天是指太阳系内的航行。——译者注

20 世纪 60 年代美国
国家航空航天局猎户
座核动力驱动器模型。
（图片来源：乌尔里
希·沃尔特）

当宇航员可以在旅途中随时随地拿起压载燃料时，为什么还要随身携带它呢？这是 20 世纪 60 年代罗伯特·巴萨德（Robert Bussard）提出的星际冲压发动机（又称巴萨德冲压发动机，Bussard Ramjet）的想法。星际空间甚至也含有大量的电离氢。我们可以用磁场铲来高速收集电离氢，并在船上的反应堆中将其结合，以这种方式生产的燃料可以供给驱动器。在我看来，这不是一个坏主意，原则上可行，但在未来 500 年内不行，因为实施这项技术具有很大挑战性。

放弃反冲原理

所有反冲驱动器普遍存在的弊端是，我们必须随身携带大量燃料，然后将其扔掉以产生推力。驱动器在没有反冲原理的作用下能工作吗？在能撞上一些东西的前提下是可以的。例如，汽车在没有排放物的情况下加速，是因为它驶离了道路。严格来说，汽车通过接触地面的轮子提供无法计算的角动量来产生动量。只有当世界上所有的汽车同时在同一方向上加速时，才能用韦策尔（Wettzell）的大地测量天文台的环形激光器来测量。

宇宙飞船在太空中会撞上什么？例如，来自地球附近的地球磁场。虽然在太阳系星际空间中这可以忽略不计，但太阳风（来自太阳的等离子体流）以 300～800 千米/秒的速度移动到离冥王星至少两倍远的地方。M2P2 驱动器的原理是用宇宙飞船的内部偶极子场将自己附在上面，并允许自己被驱动，甚至可以控制方向。以今天的技术，像新视野号这样的探测器可以在三个月后加速到 50～80 千米/秒，并将在两年半内到达冥王星，从而无须九年半的连续飞行。然而，我觉得特别遗憾的是，除了一份出版物和一些初步尝试之外，这一想法并没有受到太多关注。

除了这个概念，我还不喜欢遮阳帆（由于推力随着到太阳距离的平方的增大而减小，因此在太阳附近需要使用遮阳帆），此外，我也不喜欢激光帆和物质帆。我不会坐在多年依赖地球能源供应的宇宙飞船上。因为，如果他们没钱了，这些帆就会被关掉，我就会被困在木星和冥王星之间。

反物质驱动器

我已经在上一节中推测了反物质驱动器与反冲原理之间的关系，我将在后文继续推测（参见本书"可以前往遥远的宇宙深处吗？"一章）。尽管反物质驱动器在原理上可行，并且具有极高的效率和极大的推力，但由于稠密的（即液体）反氢的储存极难控制，因此，在很长一段时间内（如果不是永远的话）这将只是一个梦想。

曲速驱动器
——工作原理

每个人都知道《星际迷航》系列中令人难以置信的曲速驱动器。
但超光速驱动器实际上是如何工作的呢?

　　《星际迷航》系列的曲速驱动器（Warp Drive）现在
是超光速驱动器的代名词。在《星际迷航》中曲速驱动器
既不指驱动器，也不是指宇宙飞船的飞行速度超过光速，
而是指通过曲速驱动器，宇航员可以比光更快地到达目的
地。它是如何工作的？在接下来的两章中，我将向您解释
这一点，之后您可以自行评价或者基于美国国家航空航天
局休斯敦约翰逊航天中心（Johnson Space Center，简称为
JSC）鹰工厂（Eagleworks）实验室的哈罗德·怀特（Harold
White）对曲速活动的研究状况来评价。

什么是曲速驱动器？

　　曲速驱动器不是基于反冲原理(火箭原理)的经典驱动器，
在反冲原理中，燃料被快速向后喷射，以通过动量守恒产生
推力，从而实现加速。这种火箭驱动器提高了宇宙飞船在太
空中的运行速度，这一点我们今天已经知道（参见笔者的另
一本书《黑洞中的魔鬼》中"爱因斯坦三部曲——没有什么
比光飞得更快！"一节），但它永远不会（我再次强调：永
远不会）超过光速。重点是：没有什么比光在太空中飞得更快。
　　具有曲速驱动器的宇宙飞船的工作方式与其他驱动器完

全不同。它不会在空间中移动，所以它在空间中的速度为零。相反，曲速驱动器使宇宙飞船周围的空间变得弯曲，从而使运动方向上的距离被压缩，并在反方向上被拉伸。在我的书《黑洞中的魔鬼》"简说虫洞"一节中描述了空间可以弯曲。

出发地和目的地之间的空间可能会弯曲，从而在两者之间形成缺口。这种通往目的地的捷径被称为虫洞。在虫洞中，出发点和目的地之间的整个空间必须是大幅度弯曲的，以便在两个位置之间建立一个小缺口。因此如果有的话，只有将宇宙中相距很远的部分连接起来才有可能实现。曲速驱动器以局部有限的空间曲率效应进行工作，该效应于 1994 年由物理学家阿库别瑞（Alcubierre）首次阐述，并以他的名字将其命名为阿库别瑞度规（Alcubierre's metric）。它还可用于快速越过相对较短的距离，例如两颗恒星之间的距离。

阿库别瑞的想法

他的想法是使宇宙飞船周围的空间弯曲（其数学构造是一个度量），使宇宙飞船所在的空间区域保持不弯曲。这个球形的、不弯曲的中心区域也被称为扭曲气泡。现在气泡表面附近的空间是如何弯曲的？答案与虫洞相同：具有负能量。我已经在我的另一本书《黑洞中的魔鬼》"负能量可以稳定虫洞吗？"一节中描述了什么是负能量以及它是否存在。让我们假设存在大量的负能量，即不仅仅是量子物理上可表示的能量（参见卡西米尔效应）。在这种情况下，扭曲气泡的表面必须以垂直于运动方向的环形排列负能量。然后，这种负能量会压缩扭曲气泡一侧的空间，并在另一侧膨胀。

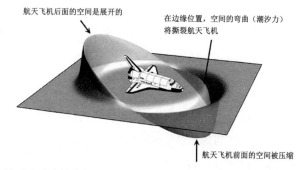

以扭曲气泡中的航天飞机为例，对阿库别瑞驱动器进行二维可视化。航天飞机前面的空间被压缩，后面的空间被展开。（图片来源：Allen McC，知识共享组织／乌尔里希·沃尔特）

曲速驱动器在工作

如何用它消除距离？假设我想乘热气球从慕尼黑到汉

堡（不是乘坐气球飞翔，而是驾驶气球飞翔）。在慕尼黑北部上升后不久，我在气球周围建造了一个直径 100 米的扭曲气泡。它开始将我前面到汉堡的空间进行压缩，并逐渐将我身后向慕尼黑方向的空间进行扩展。尽管在没有风的时候我会在气球中休息，但我身处的扭曲气泡仍在朝汉堡方向加速。当我从慕尼黑到汉堡的旅程进行到一半时，我快速地降低了扭曲气泡的加速度，这样气泡就会以零"空间膨胀速度"到达汉堡。我"旅程"的实际持续时间取决于气泡前后空间扩张的加速程度和减速程度。由于这可以以我想要的速度发生，因此我也可以在我希望的任意较短时间从慕尼黑到达汉堡，即使我和气球一起在我的太空气泡里休息。

例如，如果我需要 1 毫秒的时间，那么我就需要以 2 倍的光速穿越慕尼黑与汉堡之间的 600 千米路程。实际上，我的速度是光速的两倍并不完全正确，因为这表示我在太空中移动的速度也会那么快。但事实上，我的气球在太空中根本没有移动！

理论就这么多。但是曲速驱动器工作时还存在更多的潜在难题。我将在下一章中解释它们。

曲速驱动器
——负能量导致的问题

曲速驱动器的测试结果并不令人满意。

　　我刚才用柯克船长的企业号和从慕尼黑到汉堡的热气球旅程的例子，向你们解释了曲速驱动器是如何工作的，以及它实际上根本不是航天驱动器。事实上，它根本无法"飞"得比光快。不过，宇航员可以用它继续前行！

曲速驱动器需要大量负能量

　　这样的曲速驱动器存在更多的潜在问题。一个非常严重的问题（但不是我们稍后会看到的最严重的问题）是，我不相信存在更大数量的负能量（见笔者的另一本书《黑洞中的魔鬼》中"负能量可以稳定虫洞吗？"一节）。"更大"数量意味着什么？对于直径 200 米、平均以 10 倍光速移动的扭曲气泡，我们需要的反物质（由 $E=mc^2$ 来换算）比整个可见宇宙中较为常规的正物质多 100 亿倍！

　　在 1999 年范登·布罗克（Van den Broeck）成功地在理论上将负质量的需求减少到几个太阳质量。为了证明这个理论，他假设了一个"气泡中的气泡"，这使得他可以扩张扭曲气泡的内部，但将扭曲气泡的外部收缩至针尖大小（直径恰好为 $6×10^{-15}$ 米）。这虽然在理论上可能是一个巨大的进步，但在实践中仍然毫无意义。为什么无论我们怎么做，都需要如此巨大的能量呢？因为太空是刚性的。真空波动使太空变得如此僵硬，以至于它几乎无法像直径为1千米的钢筋一样弯曲。如果空间也要在短距离内弯曲，那么弯曲所需的能量，无论是正的还是负的，都会无限增加。

负能量需要额外的成本

虽然我们还不知道是否需要提供更多的负能量，但目前我们已经通过海森堡的不确定性关系知道在什么条件下是可能的。负能量只能以时间脉冲形式提供，即：

1. 我需要的负能量越多，则脉冲越短。脉冲取值通常在微秒范围内或者更短。

2. 每一个负能量的脉冲后面必须跟着一个更大的正能量的脉冲。

3. 负脉冲和正脉冲之间的时间越长，正脉冲越大。

结论：曲速飞行的持续时间极短，最多只有几微秒。此外，在提供负能量时，不仅需要至少同样多的正能量，而且因为需要负能量的曲速飞行还得持续一段时间，之后负能量的供给还得远大于正能量。

谁给气泡带来了负能量？

谢尔盖·克拉斯尼科夫（Serguei Krasnikov）指出以下事实中存在的问题：负能量必须事先沿着行进路线施加。由于负能量只能非常短暂地存在，而气泡可以随意移动，这意味着负能量必须以超光速沿着行进路线施加，这当然是不可能的。只有当气泡以亚光速移动时，能量才只需要以亚光速施加。但扭曲气泡的作用恰恰是为了能够以超光速跨越一段距离。

无法控制的扭曲气泡

此外，扭曲气泡的运动方向不会受到内部的影响，因为在超光速运行期间，扭曲气泡与外部世界在本质上是分离的。它只能飞到最初施加负能量的地方。但这也意味着，在柯克船长起飞之前，"某人"必须将能量投入轨道——这会使他的自尊心受挫。

曲速驱动器是在自掘坟墓吗?

巨大的负能量不仅必须以某种方式提供,而且可以分布在气泡边缘,厚度仅为 10^{-32} 米(!)。相比之下,直径为 10^{-10} 米的原子是只大象。在这些极小的范围内处理如此大量的负能量和正能量,会立即导致质量奇点,比如黑洞,曲速驱动器会在其中永远消失。一些科学家怀疑,即使是小规模的部署和分配过程也必然会导致这种情况的出现,但目前还没有人可以确切地计算出这一点。

在下一章中,我们将讨论其他观点,这些观点不仅会给曲速驱动器带来问题,甚至可能会给它带来致命一击。

对曲速驱动器的
致命一击

尽管曲速驱动器所需的巨大负能量是一个难题，但导致其无法实现的却是它背后不合逻辑的本质。

正如我上文所说的那样，曲速飞行所需的负能量和正能量的数量大得让人难以想象。但是还有许多其他不支持曲速驱动器的原因。

小心气泡边缘！

让我们从一个危及生命的小陷阱开始。如前所述，曲速驱动器有一个扭曲气泡，其中有一个未弯曲的中心区域，宇宙飞船可以停靠在那里，在气泡边缘有一个空间上高度弯曲的区域，它是由大量负能量组成的极窄环引起的。柯克船长小心翼翼地远离气泡边缘。因为空间曲率逐渐向边缘递增，他最好把他的企业号保持在气泡中心。根据爱因斯坦的广义相对论原理（Allgemeiner Relativitätstheorie，简称为 ART），由于空间的曲率与重力相同，并且空间曲率的变化会产生潮汐力，因此，宇宙飞船很快会被潮汐力从边缘开始撕裂。

曲速驱动器被炸了

在 2012 年的一份出版物中，麦克莫尼格尔（McMonigal）

和他的工作人员指出了下述问题。扭曲气泡从前方高速撞击波束，生成的星光以及无处不在的宇宙微波背景辐射会引起强烈的蓝移（波长变短、频率升高的现象被称为蓝移），以至于宇宙飞船上的全体人员都被这种能量极为丰富的辐射所炸掉。此外，即使气泡在到达目标位置之前减速，扭曲气泡的正面也会释放大量硬粒子辐射，导致在目标位置的人都会被炸死。

曲速驱动器导致的逻辑不一致

艾伦·埃弗雷特（Allen Everett）指出，一切本身就有问题。借助绕圈飞行的曲速驱动器，可以生成类似世界线的封闭时间。这表示我们可以通过旋转的曲速驱动器回到过去，这反过来又颠覆了我们认知中宏观世界的因果关系：结果先于原因发生。

关于逻辑不一致有一个自毁悖论的例子：星舰企业号上的一个敌方入侵者想要摧毁这艘星舰，只需按一下按钮，就会通过按钮发出毁灭信号。信号会及时回传，并在入侵者按下按钮之前摧毁企业号。但是，由于根本无法按下按钮，因此没有发出可能摧毁企业号的毁灭信号。这就是可以按下按钮并发出毁灭信号的原因。那么企业号到底有没有被摧毁呢？

　　时间倒流会导致这种逻辑上的不一致，而且还使得这种前后矛盾无法恢复。因为没有因果关系的世界是不一致的（也就是说，因果关系代表了我们宇宙的黏合剂），所以所有科学家都支持霍金的时序保护猜想，该猜想要求因果关系是我们世界的基础属性。

　　像爱因斯坦广义相对论原理这样成熟的理论为什么会出现这种逻辑上的矛盾？大多数科学家认为是广义相对论原理的不完整性导致的（我也认同这个观点），因为广义相对论原理是一种经典的场论并且不涉及量子效应。科学家初步认为只有将两者结合成一个万物逻辑皆一致的理论，例如弦理论或圈量子引力理论[1]，才可以消除这一矛盾。但那将是曲速驱动器和虫洞的最后结局。

　　当然，所有这些问题都隐藏在《星际迷航》中，但这不能责怪该系列的作者，因为在20世纪60年代《星际迷航》中使用了自爱因斯坦时代以来就存在的曲速概念之后，曲速度规问题才开始被理解。

---

[1]　弦理论和圈量子引力理论都是将引力量子化的理论。——译者注

美国国家航空航天局正在研究曲速驱动器吗?

马克·米利斯(Marc Millis)在 1996 年至 2002 年间担任美国国家航空航天局突破性推进物理项目的负责人,同时也参与了曲速驱动器等项目。今天,他回顾过往后说道:虽然很有趣,但这些项目没起任何作用。

米利斯现在在陶零基金会(Tau Zero Foundation)工作,该基金会正在研究星际飞行的可能性。目前,美国国家航空航天局休斯敦约翰逊航天中心的鹰工厂实验室做后续项目。然而,这似乎并没有得到美国国家航空航天局的正式推广帮助,因为美国国家航空航天局的页面上没有出现相关内容,而是仅出现在脸书上,美国国家航空航天局官方介绍太空推进系统时随便提了一下。

此外,似乎只有一个人对鹰工厂做出了贡献,那就是哈罗德·怀特(Harold White)。更确切地说,他在 2010 年写了一个鹰工厂程序。然而,这不包括对扭曲场的研究,即它是否工作以及如何工作,但他开发了一种干涉仪,据说他可以用这种干涉仪探测到微小的扭曲气泡是否存在。《焦点》和《纽约时报》对上述研究成果进行了报道。

此外,美国国家航空航天局似乎对有关曲速引擎的炒作感到恼火，因为在 2015 年 3 月 10 日的最后一次公告中，美国国家航空航天局的行政人员［不是别人，正是他们的局长查尔斯·博尔登（Charles Bolden）］表示："科幻作家给了我们很多关于星际穿越的飞行想法，但目前以光速飞行纯粹是虚构的想法。"

我想补充一点：目前看起来是这样的，所以才会保持现在这种状态。结论：美国国家航空航天局目前还没有正式研究曲速驱动器，但有些人就是无法控制不去研究它。这是一件好事，用马克·米利斯的话来说：它没有任何作用，但真的很有趣。[1]

---

[1] www.nasa.gov/centers/glenn/technology/warp/warp.html。

重力助推法
——搭载穿越太阳系

仅靠经典的驱动器不足以使我们离开太阳系。但是添加了重力助推法这样的补充技术后就可以实现了。

有些人可能会认为，我们无法像驾车穿越欧洲一样乘坐宇宙飞船穿越太阳系是特别遗憾的。除此之外，还有两个问题。一是，我们不能像开车一样在太空中的固定路线上行驶，我们只能使用根据反冲原理制造的低效驱动器（参见本书"航天驱动器——真正起作用的是什么？"一章）。二是，为了摆脱地球引力以及太阳的引力，我们必须不断向上行驶，这无疑会增加对驱动器的额外要求。

完成某一驱动所需的 Δv ……

在航天领域，针对驱动需要有一个简洁的术语，即德尔塔 v，简称 Δv。也就是在推力操作中到达指定目标所需的速度变化。例如，如果我想从发射台到近地轨道，那么我需要 $\Delta v = 9$ 千米 / 秒。为了再从近地轨道进入月球轨道，我还需要额外的 $\Delta v = 4.8$ 千米 / 秒。为了从地球轨道上完全脱离地球的重力场，我还需要 $\Delta v = 3.2$ 千米 / 秒，所以加起来一共需要 $\Delta v = 9 + 3.2$ 千米 / 秒 $= 12.2$ 千米 / 秒。此外，为了完全脱离太阳的重力场，即为了飞向其他恒星系，另外还需要 $\Delta v = 12.3$ 千米 / 秒。因此，火箭脱离太阳系之前在发射台上的速度变化为 $\Delta v = 12.2 + 12.3$ 千米 /

秒 = 24.5 千米 / 秒。

消耗多少燃料

完成某一驱动所需的 Δv 的真正好处在于，我们可以使用火箭方程式和既定的驱动器类型直接计算出火箭需要多少燃料。假设我们采用平均喷射速度为 3.5 千米 / 秒的普通化学驱动器，那么根据火箭方程式，火箭所需的燃料 $m_T = m_N \cdot \exp(\Delta v / 3.5)$。其中 m_N 为火箭有效载荷，即宇宙飞船或探测器，exp 为指数函数。

例如，如果我想用火箭把一个 $m_N = 1$ 吨的月球着陆器带到月球表面并且不需要返回，那么我的火箭必须有多重？首先，我必须进入地球轨道（9 千米 / 秒），并从那里进入月球轨道（4.8 千米 / 秒），然后下降到月球（1.6 千米 / 秒），总需求 $\Delta v = 15.4$ 千米 / 秒。将其代入 $m_T = m_N \cdot \exp (\Delta v / 3.5)$，我得到的答案是 81 吨燃料。发射台上的火箭连同月球着陆器和火箭支架的重量必须是燃料重量的10%左右，它们总共至少是 90 吨。有效载荷比为 $1 / 90 = 1.1\%$。所以月球着陆器只有火箭总重量的 1.1%。

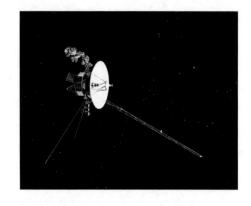

旅行者号探测
器（图片来源：
美国国家航空
航天局）

旅行者号和先驱者号的问题

1977年，美国国家航空航天局派出四艘太空探测器（旅行者1号、旅行者2号、先驱者10号以及先驱者11号）飞往外行星，然后进入太空深处。旅行者2号现在已经离开太阳系，以15.4千米/秒的速度飞向恒星罗斯248。要使旅行者2号达到最终速度，火箭必须有多重？答案是：

$\Delta v = \sqrt{24.5^2 + 15.4^2}$ 千米/秒$= 28.9$ 千米/秒，旅行者2号的重量为 $m_N = 721$ 千克。因此，美国国家航空航天局拥有至少一枚 $m_T = 0.721 \cdot \exp(28.9 / 3.5) + 10\%$[1] 吨 $= 3057$ 吨的火

---

① 此处的"+10%"指燃料重量的10%。——译者注

箭，有效载荷比仅为 0.024%。即使是迄今为止世界上最强大的火箭土星 5 号，发射前质量也只有 2935 吨。所以这永远不会奏效。罗塞塔号去年还无法到达目的地丘留莫夫 - 格拉西缅科（Churyumov-Gerasimenkow）彗星 [1]。那么美国国家航空航天局和欧洲空间局后来是如何实现的呢？

方法是重力助推!

这只能通过飞行控制操作或重力助推法这种特殊手段来实现。在操作过程中，探测器飞得非常接近行星，并穿过行星的引力场，以稍微改变飞行方向但提高飞行速度的方式离开场区。我们把它想象成一个滑板短暂地附着在一辆经过的公共汽车上，在加速后被放开。

为什么重力助推有效?

有时人们认为这种方法是不可行的，因为当飞过重力场时，飞出速度与飞入速度必须完全相同，所以没法加速。

---

[1] 罗塞塔号释放的着陆器于 2014 年 11 月成功登陆丘留莫夫 - 格拉西缅科彗星，作者所说的"去年"在此之前。——译者注

虽然这种说法没问题，但是这种观点适用于静止的行星系统。最后人们只会好奇太阳系中的速度，因为行星在太阳系中运行并利用其引力牵引经过的探测器。

另一个反对意见是，探测器在重力助推过程中加速，由于动量守恒定律，动量必须来自某个地方。具体答案是：行星提供了动量。为此它失去了一些动量 $m \cdot v$。但由于它的质量与探测器相比是巨大的，所以它的速度下降幅度也是不可估量的。

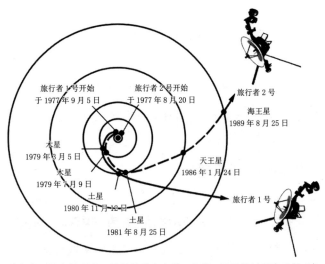

旅行者 1 号和旅行者 2 号的轨道与木星、土星、天王星以及海王星（仅限旅行者 2 号）的轨道。（图片来源：美国国家航空航天局 / 乌尔里希·沃尔特）

每189年才一次！

然而，仅仅在一颗行星上进行一次重力助推，还不足以让两个重型旅行者号探测器离开太阳系。旅行者1号至少需要来自木星和土星的两次重力助推，旅行者2号甚至需要来自木星、土星、天王星以及海王星的四次重力助推。最后两个对于加速来说并不是绝对必要的，但给了美国国家航空航天局为所有外行星拍照的机会。为了做到这一点，木星、土星、天王星以及海王星必须排成一排，这样探测器飞行时才能经过它们。

意识到这一点后，美国国家航空航天局不得不在载人登月飞行的同时运用其所有技能，以在短短几年内对相当复杂的任务进行研发，并在之后成功地执行了这些任务。这是美国国家航空航天局当时完成的一项非常伟大的壮举，我们今天仍然可以从星际旅行的精彩图像和科学数据中受益。

可以前往遥远的
宇宙深处吗？

假设一颗小行星即将毁灭地球。在此之前，人类能否移民到类地行星并得以存活下来？

　　2015 年 4 月发现的开普勒－438b 和开普勒－442b 行星令人着迷的原因有二。第一个原因是，这引发了对外星生命和文明的猜想（在作者的另一本书《黑洞中的魔鬼》"发现类地行星，外星人在哪里？"一节中指出，这两颗行星上也许存在原始生命形式，但几乎不可能存在任何外星生物）。第二个原因是，人们借此开始探讨，搭飞船前往甚至移民到那里，究竟值不值得？前提是从技术上来说，飞往其他恒星是可能的。有可能吗？对此，我们不谈科幻，只讲科学。

光速的临界情况

　　在这种情况下，科学家们经常会先弄清临界情况，然后使之适应现实。例如，如果想知道苹果从 10 米高的树上掉到地上需要多长时间，那么可先采用简单的万有引力定律，从而算出：飞行时间 = 下落高度开二次方根／重力加速度 = 1.43 秒。随后，考虑地球自转的离心力和空气摩擦，进而完善计算结果。

　　我们正是这么做的。在我的另一本书《黑洞中的魔鬼》"爱因斯坦三部曲——没有什么比光飞得更快！"一节中，我们已知：为了保持因果关系，光速必然是宇宙中的绝对极限速度。开普勒－438b 和开普勒－442b 分别距离我们473±65 光年以及 1115±65 光年。这意味着即使以光速飞行，也分别需要大约 473 年和 1115 年才能抵达。但我们也知道，这些时间是由外部观察者测量的，比如地球上的天文学家。但是旅客自己经历的时间（即相对论中的"原时"）通常为零。所以理论上旅客瞬间就能飞到。但这是就光速极限情况的简单分析结果。

有用，但只有 10%

现在只谈现实。只有无质量的粒子才能以光速飞行。大型宇宙飞船需要尽可能多的能量来接近这一极限速度。具体而言，采用当今最好的化学推进技术（如航天飞机中的低温氢／氧，参见本书"星际驱动器"一章），一艘质量只有 1000 吨（即航天飞机质量的 10 倍）的宇宙飞船需要约 1047.953 吨燃料才能达到光速的 90%。考虑到我们目之所及的宇宙仅包含 1052 吨质量，所以化学推进根本无法接近光速，只有通过终极太空驱动器（反物质驱动器）才有可能实现。若通过终极太空驱动器达到光速的 90%、

99.9% 和 99.9999%，如此一来需要的储罐尺寸分别为 55 米 × 55 米 × 55 米、220 米 × 220 米 × 220 米以及 1.6 千米 × 1.6 千米 × 1.6 千米。然而直到今天，我们仍然无法确定这是否可行，因为一方面制造如此多的反氢①极其困难，另一方面因为尚无法实现以中性液体形式储存反物质，这些难题从理论上尚无法解决。无论人类文明或其他文明有多么先进，宇宙飞船（作为物质存在）在星际的速度只能达到光速的 10% 左右。

实际上要少得多

假设一下，我们的宇宙飞船安有一个反物质驱动器，它可以将飞船的速度增加至光速的 10%，并在快到达开普勒－438b 和开普勒－442b 之前减速到星体的运行速度。宇宙飞船会在旅途中耗费多少原时②呢？运算方法相当复杂，计算结果是：宇宙飞船到开普勒－438b 大约需要 540 年，

---

① 反氢是氢元素对应的反物质。——译者注
② 原时是在相对论中，与事件在同处的时钟所测量的唯一时间，它不仅取决于事件，时钟也在事件的行动之中。对同一个事件，一个加速中的时钟所测得的原时会比在非加速（惯性）中时钟的原时短。——译者注

到开普勒－442b 大约需要 1276 年。如果采用现阶段最好的驱动器即核脉冲驱动器（参见"星际驱动器"一章）飞行，并为其购置一个可以装 100 万吨氢气的储罐，那么 1000 吨宇宙飞船的最大速度就可达 1690 千米／秒，这样它到达开普勒－438b 需要大约 83800 年，到达开普勒－442b 则需要198000 年。

这就是美国国家航空航天局构想的未来配备反物质驱动器的宇宙飞船。（图片来源：美国国家航空航天局／马歇尔太空飞行中心）

我们不行，不过也许他们也不行

"人类是否有可能前往遥远的宇宙深处，从而通过移民到其他恒星系来延续人类文明？"这一问题起初在原则上是可行的，但实际上既不是在当下，也不是在遥远的未来。

因此，在没有适于居住的地球时，人类在太阳系中，只能在太空方舟上生存，即在太空站或火星上建立巨大移民地，但是首先必须对这些移民地的环境进行地球化改造。

当然，适用于我们的也可能同样适用于外星文明。我们已非常了解距离我们 10 光年以内的恒星系，因此我们准确地知道在这些恒星系内的行星上没有外星人。如果外星人存在于距离我们 10 光年以外的类地行星上，那么他们至少需要 1000 年才能到达我们这里。这是我们至今仍未看到外星人的真正原因。UFO 根本不是外星人，而是不明飞行物体（Unidentified Flying Object）的缩写，表示"天空中的不明现象"。如果不明飞行物体真的就是经过 1000 多年飞行才到达我们这里的外星人，那么他们就不会一直和我们玩猫捉老鼠的游戏了。他们访问地球只能表明：他们来这里是为了确保他们自己能在地球上存活下来——当然不是指和我们共存。

在未来能实现
时间旅行吗?

2015 年 10 月 21 日是"回到未来日"①。这是思考时间旅行
是否可行的绝佳时机。

---

① 2015 年 10 月 21 日被西方很多国家称为"回到未来日",因为在电影《回到未来 2》中,马蒂和布朗博士乘坐时间旅行车从 1985 年到达了当时的 30 年后——2015 年 10 月 21 日。——译者注

毫无疑问，1985 年、1989 年以及 1990 年上映的科幻电影三部曲《回到未来》颇受欢迎。由于 2015 年 10 月 21 日是《回到未来》中提及的未来日，因此这一天在德国所有 CinemaxX 影院 ① 都会上映完整的电影三部曲。那么，为什么是 2015 年 10 月 21 日呢？

因为影片的两位主角，马蒂·麦克弗莱（Marty McFly）和道格·布朗（Doc Brown）作为时间旅行者从 1985 年 10 月 28 日穿梭到 2015 年 10 月 21 日 16:29 并降落在加利福尼亚州的希尔瓦利。也就是德国时间 2015 年 10 月 22 日凌晨 01:29，但别那么挑剔，否则德国将于每年 7 月 21 日凌晨 03:56 方可庆祝人类首次登月，毕竟登月第一人尼尔·阿姆斯特朗踏上月球的日子是美国时间的 7 月 20 日 21:56。

在德语配音的影片中，2015 年 10 月 21 日被误改作星期二。至今官方尚未给出造成这个错误的原因，我猜可能是德国人认为他们比美国原版电影的编剧更聪明，能够更好地处理闰日。毕竟 2000 年是非常特殊的一年，通常能被

---

① CinemaxX 是一家总部位于德国汉堡的集团，旨在用创新技术设备打造现代化影院。——译者注

100 整除的年份没有闰日，但是可以被 400 整除的年份却例外（即有闰日），因此，德国版电影将上映时间提前了一天，即变成了星期二而不是星期三。

空间就是空间，时间就是时间！

时间旅行呢？首先，我们需要作些解释。20 世纪 60 年代的经典电影《时间机器》（*Die Zeitmaschine*）和其他许多时间旅行电影一样，都拍摄了以下场景：一个或几个人经常坐在静止的时间机器中，穿梭在同一地点的过去或将来；或是时间机器在周围的车辆中快速穿梭。

毕竟不是在空间中旅行，而是在同一个地方进行时间穿梭，因此每个人都可以很容易地想象出这一虚构场景。将时间视为第四空间维度是一种广为流传的观点，因为我们可以凭借空间回忆过去。然而，这种观点大错特错，因为空间就是空间，时间就是时间。在相对论中，我们可以用精巧而纯粹的数学方法将具有时间坐标的 3D 空间扩展到 4D 闵可夫斯基空间（即我们可以利用 4D 闵可夫斯基空间完美地描述这个世界）。

单世界脚本

时间旅行行得通吗？让我们来看个最简单的例子：我在同一地方待着不动，却让时间跑得更快，我想称之为"单世界脚本"。准确地说：我所在的这个世界的运行速度比我感觉的要快。

但相对于行驶的车辆来说，我所在的环境将我视为一个极缓移动的物体，就是说我一直在同一地方，但我看到的环境却在快速变化。要么就是环境允许我待在时间机器里从而能让我保持原样，要么就是环境和我相互作用，比如把我推到一边，因为我所在的院子正在被翻修。

可惜这样不行

外界如何与我互动的问题实际上是这个脚本的关键。当外面的雨点滴落在院子的时间机器上时就足以说明了。雨点滴落在时间机器上的速度是多少？如果雨点在环境中的速度是 $v = ds/dt \approx 1$ 米/秒，而我的时间 t' 比外面的时间 t 慢 1000 倍，即 $t' = t/1000$，那么由于 $s' = s$，雨点滴在时间机器上的速度将变为 $v' = s'/t' = s/(t/1000) = 1000\,v \approx 1$

千米 / 秒。因此雨点会像子弹一样击中我。

但问题是：这种巨大的冲击能量从何而来？因为在经典物理学尤其是相对论物理学中，对于在空间中静止的时间机器来说，只有静止能量维持不变。此外还有：在快速移动的外部世界中的雨点在什么时候可以转变为滴在时间机器上的正常雨点？换句话说，如何确定周围环境的哪些部分将伴随我一起进行时间旅行？哪些部分将不与我一起穿梭时间？如果我坐在敞篷的时间机器中，我近身的空气是受我所在的时间还是受外界环境时间的影响？如果受外界环境时间的影响，哪怕是最轻的微风也能把我的脖子刮断。尽管我坐在时间机器这一防护壳里，那阵微风也足以摧毁整个时间机器！

这是唯一的方法

在爱因斯坦的相对论中，不存在只有时间旅行才有可能到达未来（参见笔者的另一本书《黑洞中的魔鬼》中"爱因斯坦三部曲——双生子悖论"一节）这样的逻辑。时间机器必须以近光速飞行，因此必须有巨大的动能支持，这甚至会使卷起的尘埃颗粒都成了足以致命的子弹。因此，要是没有质量的话，《星际迷航》中的柯克船长可以在真空环境的宇宙中快速飞行，此时只有光还可以与他在无接触的情况下相互作用。可以明确的是，所有具有相同速度的飞船部件都会受到较慢时间的影响。此外，在旅程的最后，柯克船长可以自由地窥探始发地的未来，或者宇宙中任何其他地方的未来。

小结：在单世界脚本中，只有当时间飞船在空间中以近光速飞行而非静止不动时，穿越到未来的时间旅行才能实现。

在电影《回到未来》中，马蒂·麦克弗莱和道格·布朗在穿越时间的旅途中驶离了现在的世界，身后留下了炽热的痕迹，他们似乎飞向了未来或过去。这可能吗？我们将在下一章阐述这个问题。

只有穿越到未来的
时间旅行

人类梦想能穿越到未来和过去。为什么只有穿越到未来的时间旅行，却永远不会有穿越回过去的时间旅行？

在电影《回到未来》三部曲中,有人建议,如果驾驶时间机器在空间维度上快速移动,那么在某个时刻,便会离开我们所在的世界并进入另一世界,这个世界就是我们这一世界的过去或未来。这有可能吗?

多元世界脚本

想象一下,我们的世界仅仅是二维的(简称 2D)。然后,从三维空间这一更高的维度看去,我们的世界就是一个无限薄的二维平面,人们可以将未来的世界和过去的世界想象成相邻层。在穿越未来世界和过去世界的时空之旅中,人们可以在这些无限多并且无限薄的 2D 世界之间来回切换。

从数学角度来说,能将低维空间接入高维空间的结构被称为叶状结构(Foliation)。相应地,人们可以想象四维超空间中三维世界的叶状结构。其中的一片叶子就是我们的世界以及我们的时间,不过还有无限多的其他世界以及其他时间,这也就意味着其他世界的组态与我们的不同。从这个意义上说,每个世界的时间都相同,只是每个世界的组态不同而已。下文会详细介绍。

除了很难相信存在无数个与我们世界仅时间不同的平行世界这一事实外，我还在被我称为"多元世界脚本"中发现了一个严肃问题：我们的三维世界代表一个逻辑上内在一致的整体，它按照已知的物理定律运作。如果我可以从一个三维世界切换到另一个相邻的三维世界，那么这意味着我可以与之互动。但是每一次互动都会将我们的世界和周边世界连成一个基本一致的全新世界。其实，是相邻的世界融入我们世界并成为我们世界的一部分。但是我们假定在那个世界里时间不同，于是恰恰将这一点从逻辑上早早排除了。但是如果我们坚持认为相邻世界之间不会相互影响，那么从逻辑上讲该如何穿越至另一个世界？

从四维的角度来看，一个三维生物从逻辑上讲是否有可能从它所在的三维世界叶面移动到相邻的世界叶面？我们也可以换一个视角考虑，即从我们的三维世界中思考这一类似情况，也就是说二维生物，在我们空间的二维平面（比如说桌面）上移动。从物理学上讲，这并无意义，因为在我们的三维世界中，只有三维生物的运动才有意义。这些观点的核心在于：也就只是用数学方式描述了空间叶面，但这并不意味着在物理学上是存在的或有物理学意义的。

在世界之间盲目飞行

假设我们可以以某种方式在三维未来世界和三维过去世界之间穿行。但这之后我们还会遇到另一个严重的问题：碰撞。虽然在上一章的单世界脚本中，环境会顾及我的存在，但这里的情况并非如此。比方说，在当前世界中的 15 点整时我处在某一地点，由于缺乏互动，我无法确定在 15 点 01 分时世界中的同一地点会有些什么。因此我将在世界之间盲目飞行，这通常会引发致命的碰撞。这种碰撞问题在电影《回到未来》的时间旅行中基本得以解决。在马蒂·麦克弗莱完成第一次时间穿越后，他迅速掉进一个粮仓，在那里他的身体仅仅受到了轻微碰撞。

因此，我相信，要么在多元世界脚本中时间旅行将必然以碰撞收尾，要么出于物理逻辑原因多元世界脚本压根就不存在。

有可能回到过去吗？

与穿越到未来不同，穿越到过去可能存在严重的因果关系问题，例如祖父悖论，或可参看我在上文"对曲速驱动器的致命一击"一章中描述的自毁悖论。物理学家多次指出这类逻辑悖论。这便足以让斯蒂芬·霍金认定时序保护猜想了，也就是说哥德尔宇宙所描述的回到过去的假设从根本上讲是不成立的。我不仅同意霍金的观点，而且也相信这个猜想终会被量子相对论所证实。

解释下为何不可能穿越回过去。狭义相对论认为，如果一个人瞬移到某个地方，然后又快速返回，那么他就能回到未来。所以，如果不停地快速移动便可穿越到未来，那么该怎么做才能穿越回过去呢？

再从别的视角解释一下：我们宇宙中的一切都是原子在时间轴上不断变化的组态。由于熵值不断增加（热力学第二定律），这些组态只能遵循一些特定的次序。然而，在任意时间点，组态还是无限多的。一旦确定具体次序，时间就不可逆转了，这意味着：时间本身是没有方向的，它只是延伸而已！这就是为什么我无法让时间倒流，我最多能够（正如狭义相对论所说）通过在空间瞬移得到排列速度进而穿越到未来。

对不起，我不爱扮演流言终结者[①]角色，但是我觉得回到过去的时间旅行似乎不太可能。如果还有人不相信，那他应该对如下问题提供有力解释：如果将来某天可以穿越到过去，那么为什么现在没有来自未来的人？会不会像某位科幻作家曾猜测的那样，来自未来的人就站在基督十字架前排队观察现在的我们？然而，在《新约》中并未对此有只言片语的记载。

---

① 《流言终结者》（*Myth Busters*）是一档美国的科普电视节目，作者在此一语双关，是其语言表达的艺术呈现。——译者注

如何应对致命的
任务风险？

保险业将航天归类为超高危险。它到底有多危险？宇航员是
如何生存下来的呢？

我经常被问到："沃尔特先生，你飞到那里时不害怕吗？"有趣的是，只有女士问过我这个问题，从来没有男士问过。她们实际上想说："航天非常危险。因此，每个人都挺害怕的，不是吗？"接下来让我们一起看看航天到底有多危险，以及人与危险之间的关系。

如何评估风险

通过形式概念"风险"可以系统性地把控所有类型的危险事件。具体地，风险有两个不同维度上的特征。首先一个是事件的损失程度（impact），即我们实际上所说的危险。比如，一些事件可能会造成严重损害，另一些则不那么严重。另一个是可能发生危险事件的概率（probability）。比如，某些危险事件比其他危险事件更容易发生，而那些可能更频繁发生的危险事件总体上风险更大。

美国国家航空航天局使用风险评价指数（Rish-Assessment-code，简称为RAC）矩阵对其任务进行风险分析，例如对国际空间站上的事件进行风险评估。每个维度被划分为5种严重程度，如此可以得到一个清晰的5×5风险矩阵。现在可以简单地得出，风险评估的量化公式是：

风险 = 结果 × 概率。这可以直观且清楚地表明，最危险的事件是右上角最深的区域，即 RAC 矩阵值中风险等级大于 15 的"一级风险"。人们需对其高度重视。

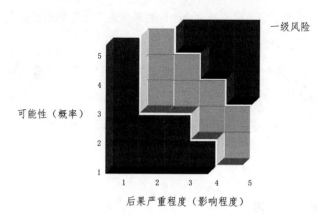

美国国家航空航天局的风险评价指数矩阵。（图片来源：美国国家航空航天局）

0 乘 ∞ 型极限问题

现实有时比这个矩阵更加复杂，因为影响程度实际上可以徘徊在零和无穷之间，并且发生概率可以无限趋近于零。真正棘手的是那些影响程度是无穷大的，但发生概率几乎为零的危险事件。

例如，小行星撞击地球造成数百万人死亡的风险极低，约为每一万年一次，但其影响程度却极大。我喜欢把这样的事件称为 0 乘 ∞ 型极限问题。即使从数学上讲这个问题没有准确的结果，但无论如何其最后的数值都是介于 0 和 ∞ 之间的。

0 乘 ∞ 型极限问题也体现在面对这类危险事件的情绪分类上。对一些人来说，小行星撞击地球是可能发生的最糟糕的事，而对另一些人来说则不值一提，因为实际上从未发生过。

保险业认为……

"航天任务的致命事故"应该排在矩阵中的哪个位置？首先是无人驾驶任务，它的风险级别充分地体现在保险价值上了。保险业不采用风险评价指数矩阵，而是以欧元和美分来估算风险。目前无人驾驶火箭坠毁的概率约为2%，地球静止轨道（Geostationary Orbit，简称为GEO）中的通信卫星价值通常为 3 亿欧元，即风险 = 0.02×3 亿欧元 = 600 万欧元，再加上保险费（风险费），保险费一般总计在 800 万～1000 万欧元之间。如此高的个人财务风险对世界上的其他领域来说是十分罕见的，这就是航天被保险业列为"超高危险事件"的原因。

那么，针对载人任务的保险呢？宇航员身亡的话保险金该怎么算？根据 1992 年德国宇航员部门提出的要求，无论在何种条件下，德国安联保险公司和法国安盛保险公司都倾向于不为 D2 宇航员提供人寿保险。相较之下，美国人寿保险公司更加务实：

"保险金多高？"

"200 万美元。"

"一次交清保险费 5000 美元。"

由于其价格便宜，因此我们当时用美国人寿保单为自己投保。

美国国家航空航天局认为……

但是，美国国家航空航天局愿意为其宇航员承担哪些风险呢？美国国家航空航天局仅仅评估致命事件的发生概率，并避开评估伤亡严重程度。以航天飞机为例，美国国家航空航天局早期时飞行致命事故率是 1:12（即 12 次飞行中有 1 次致命事故，实际上一切都还算顺利），后期时这一概率是 1:100。在 135 次飞行任务里有两次坠机事故，因此这一概率实际上是 2:135+（"+"意味着航天飞机本可以继续飞行，但在第 135 次之后退役）。

那未来的载人航天飞行呢？在一名记者的要求下，美国国家航空航天局向负责探索任务开发的副主管威廉·C. 希尔（William C.Hill）写了一封半官方电子邮件表示："机组人员的实际损失视具体任务而定。"只能说，这是在回避某些细节。一次偶然的机会，美国国家航空航天局的安全顾问更加详细地表达了自己的观点。根据他们的说法，美国国家航空航天局认可在未来 21 世纪 30 年代飞往火星或小行星的概率为 1:75。据说美国国家航空航天局已将这一总体任务的事故概率分成航天飞机后续太空发射系统（Space Launch System，简称为 SLS）的事故概率和猎户座宇宙飞船的事故概率。据此，制造商洛克希德·马丁公司得证明猎户座宇宙飞船的事故概率为 1:400，其中，起飞和着陆阶段事故概率为 1:650，而制造太空发射系统发射器的波音公司得证明火箭发射系统的事故概率为 1:550。严格来说，他们必须通过可靠性指标（例如平均无故障时间，理论上是 1:x）来向美国国家航空航天局说明内部研发和生产过程。

宇航员认为……

预测的事故概率就这样了。最重要的整体风险必须由宇航员自己进行评估。我和家人认为我的身亡概率有多大？我和家人必须承担可能发生伤亡事故的风险。每个人对此的评估往往相差很大。虽然宇航员经常会说"我死而无憾"，但他们的家人通常对此看法截然不同。因此，建议在申请担任宇航员之前，都应先与伴侣达成共识并考虑到对孩子的责任。

那么，对任务的恐惧感呢？这就像害怕开车。每个人都知道死于车祸的风险，德国每年约有 4000 人死于交通事故。尽管如此，为什么我们每个人都还是毫无畏惧地上车？人们日常对待汽车与交通就是这样。通过这种方式，人们最初与抽象危险建立了个性化关系。人都害怕未知危险。如果每天都面对未知危险，恐惧就会变成担忧。恐惧使人麻痹。无论是在公路上还是在太空中，危险都没准不会发生。因此，我们每个人在生活中都必须学会化解忧虑。

挑战者号
——为什么 7 名宇航员无一生还？

1986 年 1 月 28 日，在航天飞机升空后，机内 7 名宇航员全部罹难。那时犯下的错误，今天及以后或许仍会犯。

1986 年 1 月 28 日，挑战者号航天飞机在升空后不久发生爆炸，导致 7 名宇航员全部罹难。经常有人说，造成这一事故的原因是助推器设计不当，即采用 0 形圈（橡胶密封圈）将航天飞机助推器分为 7 个彼此封闭的部分。当时，其中一个密封圈失效，横向喷溅出的燃烧射流如金属切割时火花飞溅一般钻入氢气及氧气储罐，导致发生致命性爆炸。

然而，正如专门委员会——罗杰斯委员会所发现的那样，这并非真正的原因。事实上，带有双层 0 形圈的助推器这一设计并没有错，相反这一结构相当合理，但最初的限制是 0 形圈不能在低于 4℃的温度下使用，否则橡胶圈会硬化、失效。通常情况下佛罗里达州不会低于 4℃，毕竟那里的气温通常超过 20℃，在冬季，10℃已经算是很低了。

但佛罗里达州也有寒流，尤其是在 1 月份，温度会降至 0℃以下。发现号航天飞机本应在 1985 年 1 月 23 日发射，即挑战者号灾难发生前一年。当时，前一天晚上发射台上有霜冻，所以发射推迟了一天。1 月 24 日的气温达到了 11℃，所以美国国家航空航天局发射了航天飞机。那时，像往常一样，航天飞机助推器从海里被打捞了出来并重新投入使用。在日常检修期间，发现两个 0 形圈之间的缝隙充满了烟灰。工程师由此得出结论，内圈在 11℃时已经变得非常硬，这便导致燃烧气体可以穿过密封圈，但外部O形圈（安全环）可以阻止燃烧，从而防止了事故恶化。

极为严重的问题在于诺格创新系统公司（轨道ATK公司），该公司为美国国家航空航天局生产助推器。首先，工程师将这一隐患传达给了诺格创新系统公司的副总裁，随后，这位副总裁在美国南部的马歇尔太空飞行中心（Marshall Space Flight Center，简称为MSFC，负责研发航天飞机助推器）向美国国家航空航天局报告了此事。这就是挑战者号事故发生的地方。马歇尔太空飞行中心的人员对此十分恼火，因为该中心只是一个从属中心（不能越权）。休斯敦那边播放着音乐让宇航员随之生活和受训，佛罗里达州那边发射航天飞机，位于华盛顿的美国国家航空航天局总部那边管理人员正端坐着商议重要决策。在这种竞争局面下，中心与中心之间几乎不交流；因此，O形圈问题在诺格创新系统公司和马歇尔太空飞行中心仍未解决。

然后是1986年1月。挑战者号原定于1月22日发射，以将一颗重要的军事中继卫星带入太空。航天飞机牵引车延误，这便导致航天飞机发射时间推迟到1月23日，然后又推迟到1月24日。由于1月天气不好，发射又被推迟了三次，分别推至1月25日、26日以及27日。然而，在27日，航天飞机的进出口——机组舱门出现故障，这就是为什么发射日期最终推迟到 1 月 28 日。与佛罗里达州的寒冷相反，美国国家航空航天局里热火朝天，情绪高涨。政府计划每两周发射一次航天飞机，即每年约 26 次。不过，1985 年只有 8 次，1984 年只有 5 次。彼时，一架航天飞机自 12 月 22 日以来一直架在发射台上，但数次延迟发射。在这次任务中，第一次有一位小学老师和其他航天员一起搭乘飞机，全世界都在关注着他。但是航天飞机并没飞高！

发射前一天晚上，美国国家航空航天局总部、马歇尔太空飞行中心以及诺格创新系统公司召开了一次重要的电话会议。在 5 位相关工程师告知了诺格创新系统公司副总裁鲍勃·隆德（Bob Lund）航天飞机存在的温度问题后，他们建议不要发射。在之前的几年里，只要温度有一点点不达标就足以取消点火倒计时。但这次情况变了。尽管诺格创新系统公司详细说明了问题所在，但华盛顿的高管们不屑一顾，并催促他们尽快发射。毕竟到此时为止，所有航天任务都进展顺利，即使是 1985 年 1 月那次也没出问题。问题真的像他们说的那样严重吗？最终的结果说明诺格创新系统公司应该直接从工程师进入管理层。

后来，诺格创新系统公司的一名员工在事故调查委员会上描述道："在电话会议中，美国国家航空航天局决定发射飞船，除非我们提供确凿的证据证明彼时发射是不安全的。"由于诺格创新系统公司无法提供证据，因此他们在压力下屈服了，其首席工程师乔·基尔明斯特（Joe Kilminster）同意点火倒计时照旧。

1986 年 1 月 28 日上午，挑战者号的发射台上挂满冰柱。（图片来源：美国国家航空航天局）

在飞船发射当天早上，肯尼迪航天中心的室外温度为 -5℃，一支被派往挑战者号的冰上小组测量到位于右侧的助推器温度仅 -13℃。此时，诺格创新系统公司派驻肯尼迪航天中心的高级职员艾伦·麦克唐纳（Allan McDonald）拒绝在发射同意书上签字。但是，乔·基尔明斯特替他把字签了。

挑战者号于欧洲中部时间 17 时 38 分点火发射。

升空 73 秒后挑战者号爆炸了。

挑战者号升空 73 秒后爆炸。（图片来源：美国国家航空航天局）

我们可以从两次
航天事故中学到什么?

美国国家航空航天局在过去的 50 年里做了很多工作,但也犯了很多错误,我们每个人,尤其是航天集团,都需要从中吸取教训。

本章与您息息相关。是的，就是此时阅读本章的每一位。因为我们每个人都容易重复前人所犯的严重错误，这些错误足以导致宇航员身亡。对不起，我不得不说得这么残忍，否则您会认为这一章涉及的是别人，跟您没什么关系。

在此，我指的是能够说"不"并且不屈服于群体束缚，这在日常生活中要容易得多。群体束缚和"来自上级的压力"大都会让人妥协。您是知道的，在会议投票过程中，当被问及谁赞成时，大多数人都会举手。如果持其他意见的话，值不值得为此投票反对？实际上，这通常并不值得，但有时您为了该死的职责必须这样做。

老生常谈的项目负责人问题

正如我在上一章中所说，挑战者号事故给我们的教训是，项目负责人必须打好前锋。需要重点关注金钱、时间、需求等重要资源（项目管理中著名的"铁三角"），但同时也要关注资源折中时的风险。每个人在生活中都要做出让步，所以我们每个人都要承担相应的风险。

在挑战者号事故中，美国国家航空航天局不顾工程师的建议，决定在冰冷温度下依旧发射挑战者号，未能充分考虑到可能造成的航天飞机和机组人员的损失，也就是只考虑时间和金钱而置要求于不顾。7 名宇航员为此而牺牲。人们以为美国国家航空航天局已经从中彻底地吸取了教训。但实际上情况变得更糟了。

习惯的束缚

助推器 O 形圈在冰冷温度下会变脆，这并不是航天飞机事故的唯一原因。在每次飞行期间，泡沫材料经常会从外挂燃料箱中脱落。有时大一些、有时小一些，有时多一些、有时少一些，平均每次任务都会脱落 20 个拇指大小的泡沫。我在 1993 年 4 月 26 日执行航天任务时，正好有 20 个泡沫脱落。它们确实损坏了航天飞机底部的隔热板，但每次任务后都会更换隔热板，然后继续执行下一次任务。

挑战者号事故发生后，美国国家航空航天局管理层重新振作，并加强风险意识，但挑战者号这一问题却没有引起美国国家航空航天局负责人的注意。尽管工程师指出，要研究一旦主要部件松动脱落会引发何种结果，但几年后，挑战者号之前存在的老问题又出现了。美国国家航空航天局面临的时间和金钱压力再次增加，还有更重要的问题需要解决。此外，经过 100 多次航天后，航天飞机一直都很成功早已经成了习以为常的事。那么，为什么要对那几块小泡沫大惊小怪呢？

然后又发生了

2003 年 2 月 1 日，泡沫脱落又致使哥伦比亚号（恰巧是我 10 年前乘坐的那架哥伦比亚号）在重返大气层时发生

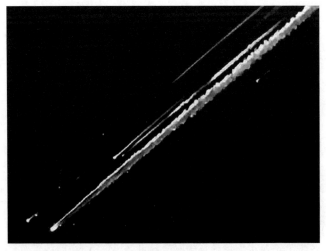

哥伦比亚号在 2003 年 2 月 1 日重返大气层时发生解体。（图片来源：美国国家航空航天局发布的视频）

解体。由于 16 天前发射升空时，一个手提箱大小的泡沫脱落给机翼的左前缘留下一个同样大的孔洞，所以当哥伦比亚号再次进入大气层时，热空气以大约 12 倍音速的速度像割炬一样穿入孔洞并切断了左翼。这种不对称性撕裂了与之垂直的航天飞机，将其分解成数千块，其中大部分被烧毁。与挑战者号一样，7 名宇航员无一幸免。

哥伦比亚号航天飞机的残骸。（图片来源：美国国家航空航天局）

调查报告指出："组织方面的问题在于航天飞机项目的历史和文化，特别是多年来资源有限、项目优先级和截止日期的不断变化，以及航天飞机过去的成功使我们放松了安全工程要求。组织问题阻碍了关键安全信息的有效沟通，不受欢迎的专业意见无法上达。（……）管理者倾向于只接受那些与自己观点一致的意见，妨碍了沟通。（……）哥伦比亚号最后一次飞行期间的管理决策暴露出了错失机会、受阻或无效的沟通渠道、分析不到位以及无效领导。最明显的事实可能是，管理层根本不想去理解存在的隐患问题并对其产生的影响置之不理。"

一次又一次出现同样的问题！

美国国家航空航天局一点经验教训都没学到吗？是的。但是在挑战者号出事之后的 17 年内，美国国家航空航天局中再也没发生类似挑战者号的事故。人们又回到了在习惯的束缚下办事。问题缠身的人不想再听到更多问题而是希望听到解决方案。人们只想听自己想要的，不受欢迎的意见被压制。不仅美国国家航空航天局这样，全世界都这样！

亲爱的读者，如果您在一家公司担任管理职位，那么请从这两次航天飞机事故中吸取教训。换一种思路！听听工程师的想法。批评工程师的同时也要认真对待他们的意见。花时间尝试以量化方式评估您所在组织中的风险，正如我在本书"如何应对致命的任务风险？"一章中描述的那般。作为一名高级管理人员，您的职责是直接着手处理一级风险并亲自进行风险跟踪。这样做是为了您自己，也是为了他人，甚至是为了他人的生死。

火星探测任务灾难
——为什么火星探测任务会失败？

欧洲空间局没有从过去吸取任何教训。火星探测任务着陆失败的真实原因在于一个经常容易出现的航天问题。

据说即使是驴子也绝不会在同样的地点摔倒两次。但欧洲空间局似乎比驴子还笨，被同一块石头绊倒两次，也就是说搞砸了两项任务：阿丽亚娜 5 号的首次发射和 2016 年的火星探测任务（ExoMars）。

回顾阿丽亚娜 5 号

阿丽亚娜 5 号是一种欧洲运载火箭，可通过无人驾驶将有效载荷送入太空。它自 1996 年以来一直在使用。[1] 阿丽亚娜 5 号于 1996 年 6 月 4 日首飞，这是一场所有人都没预料到的灾难。发射后，火箭在升空过程中偏离航向，40 秒后滚转自毁，原因是阿丽亚娜 5 号的惯性导航系统软件（Inertial Navigation System，简称为 INS）崩溃造成姿态控制失灵。欧洲空间局直接采用了上一次成功的阿丽亚娜 4 号火箭所用的同一系统软件，因为他们相信这套系统软件既然在阿丽亚娜 4 号奏效了，也一定会在阿丽亚娜 5 号上奏效。

鉴于这种普遍看法，太空公司倾向于使用这一固有系统。阿丽亚娜 5 号具备更高的加速度值，而惯性导航系统还是按

①　阿丽亚娜 5 号于 1996 年首飞失败后，做了改进，依旧使用"阿丽亚娜 5 号"这一名称。——译者注

照固有程序运行，因此，惯性导航系统软件中产生了算术溢出，系统不再运行。由于阿丽亚娜 5 号上的备份惯性导航系统也在运行相同的软件，因此，这也导致了转向信息和姿态信息完全丢失，也就是说，阿丽亚娜 5 号火箭失去了控制。

在 1996 年 6 月 4 日，阿丽亚娜 5 号的首次飞行过程中，升空约 40 秒后爆炸。（图片来源：欧洲空间局发布的视频）

当时调查委员会给出建议：未来欧洲空间局航天器采用的所有空间系统（尤其是软件）都必须经过完整的闭环仿真，也就是说必须在真实的环境中进行仿真。此外，专家还应该开发软件评估程序，该程序将在单独的软件评定测试中进行复核。

为什么火星探测任务登陆器会坠毁?

　　火星探测任务是欧洲空间局的项目,用于寻找火星
上过去或现在的生命迹象。作为前置任务的火星探测任务
2016 配有"斯基亚帕雷利"登陆器(Schiaparelli),旨
在证明:在两年后的火星探测任务 2018 展开之前,欧洲空
间局能够掌握进入、下降与着陆的技术。但结果却与之截
然相反。火星探测任务着陆器于 2016 年 10 月 19 日在火星
表面着陆时坠毁。图中显示了这一撞击坑以及火箭在撞击
时的方向。

　　自 2017 年 5 月 18 日以来,欧洲空间局一直在发表官
方声明,一周后,欧洲空间局告知媒体坠机原因。据说挂
在降落伞上的起落架在下降过程中开始旋转。这一意外旋
转导致姿态测量系统(Intertial Motion Unit,简称为 IMU)
发出警告信号。基于此信号,机载导航系统(Guidance,
Navigation and Control,简称为 GNC)错误解读了姿态
测量系统提供的测量数据,并计算出错误的离地高度。据
说还是负值!按照这一数值来说,着陆设备都该在火星表
面之下,而实际上它仍然在火星表面上方 3.7 千米处。机
载导航系统作出的反应是放下降落伞并启动火箭的刹车功

能。但这一系列操作反应却被立即终止，因为按照数值，着陆器应已在火星地表之下。因此，着陆器从大约 3.5 千米的高度坠落到火星上。

结论：软件出错导致其误解了这一旋转并致使着陆器坠毁。又是经典的软件出错。

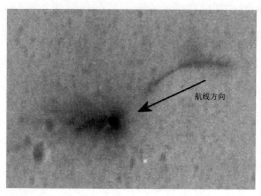

火星探测任务着陆器的撞击地点。在延长的航线方向上的撞击造成的深色弹射清晰可见。着陆器似乎并未在碰撞时发生爆炸。（图片来源：欧洲空间局）

火星极地着陆器（MarsPolar）似曾相识

火星探测任务着陆器的着陆经历似曾相识。在 1999 年 12 月 3 日，美国国家航空航天局的火星极地着陆器也曾在火星表面坠毁。火星极地着陆器与火星探测任务着陆器的构造一模一样：进入火星大气层后，首先是开启隔热罩，然后是制动降落伞，再之后是制动火箭发动机及起落架。火星极地着陆器是在火星地表 1.3 千米上空失控坠毁的。那起事故的原因也是软件错误。细节很值得玩味。美国国家航空航天局解释说，当伸出起落架时，着陆过程中产生的振动可能会直接关闭制动火箭发动机，因为软件错误地将振动理解为着陆器已降落在地表。机器人系统的理解力，准确地说是机器人系统程序的理解力，真的是和人工智能差太远了。

测试，测试，还是测试

火星极地着陆器事故和阿丽亚娜 5 号首飞事故的调查结果已由欧洲空间局阿丽亚娜事故调查委员会记录下来：软件必须由专家审查，并在尽可能真实的环境下不断地进行测试。

欧洲空间局之前没做过这些并且也不被允许做这些，因为某些测试不是由欧洲空间局自己做，而是让其他机构来做。在这种情况下，欧洲空间局必须准确制定测试要求并在测试后验证结果。但欧洲空间局似乎都没有做到。

　　测试，测试，还是测试。这种太空经验的座右铭随处可见。欧洲空间局作为航天业引领者，甚至将这一座右铭奉为测试圣旨，但他们自己或许都没有认真对待过。

　　对不起，但是欧洲空间局真的应该为这种愚蠢行为受到严厉惩罚。最严厉的惩罚是，在这次拙劣的着陆测试之后，欧洲空间局再也无法确定设有昂贵火星漫步者（Marsrover）的火星探测任务 2020 是否能在 2020 年开展[①]，因为无法验证着陆的核心部件，即制动火箭发动机的功能。对此我建议：应在地球上不断进行测试。

---

① 原定在 2020 年开展的火星探测任务一再推迟，截至 2024 年仍未有进展。——译者注

欧洲空间局的
新太空法拉利

欧洲空间局添了一艘新航天飞机——追梦者号,它甚至可以实现独立的载人航天任务。但这可能吗?怀疑并非毫无根据。

欧洲空间局在航天中实际上做了什么？如果去街上调查询问，大多数人都只会耸耸肩表示不知道。欧洲空间局参与了国际空间站项目，那里有多名宇航员被派过去，其中包括德国宇航员亚历山大·格斯特。接下来欧洲空间局不会再参与别的航天任务了。是的，不过还有这个安排、那个安排……2014年底的罗塞塔号任务，应该是美国国家航空航天局的项目吧，毕竟只有美国国家航空航天局才会一直做这么伟大的事情，不是吗？当然不是，罗塞塔号任务那会儿千真万确是欧洲空间局的。

听说过哥白尼地球观测计划吗？

毫无疑问，欧洲空间局的品牌形象在航天业并不是全球最佳。欧洲空间局靠着宇航员的形象和国际空间站的形象挣钱，但两者的预算只占总预算的7%。是的，你没看错：加在一起也才7%。大家不禁揉揉眼睛迷惑道：其余的钱都去哪儿了？到目前为止，最大的支出项目是地球观测，占30.5%。比如，欧盟和欧洲空间局引以为豪的哥白尼地球观测计划，该计划拥有新的哨兵卫星系列。听说过吗？没有。不过这也没关系，毕竟该计划只是被用来观测和拍摄地球照片。但似乎还不够，于是地球的每一个角落都被记录了下来。

我对此一点儿也不悲观。拍摄到的地球图片确实可以获得巨大收益。例如，欧盟每年会以数亿欧元的价格购买最新的地球观测图像，以检查因退耕还林而获得农业补贴的农民是否真的退还了耕地而不是将耕地用作他途。毫无疑问，从科学角度来说，这些图像确实相当有趣。是呀，是呀，真是这样。不过也就仅限于此，无论是媒体还是公众都不在乎。罗塞塔号没有带来任何金钱，但它在科学上意义非凡，是一项伟大的任务！为什么不多些这样的任务呢？

如果部长们决定

欧洲空间局的系统就这样。做决策的不是欧洲空间局而是欧洲空间局所有成员国家组织的部长理事会。部长理事会通常每四年在 11 月份召开一次，会上将决定欧洲空间局的各具体项目及项目预算经费，以及最重要的地理回报（GEO-Return），即有多少钱会以订单的形式返还给他们自己国家的太空项目。人们通常能够对在学校中习得相关内容达成共识：最简公分母，也就是说当任务金额高达 3.5亿欧元时，恰好还可以支付得起。

　　如果能吸引部长们的兴趣，他们会自愿为罗塞塔号支付 10 亿欧元。或者，他们可以在 2020 年发射带有远程接收器的火星探测器登陆火星，以调研火星土壤样本。不过，这同样也要花费约 10 亿欧元。人们可能对此压根儿不关心，就连美国国家航空航天局也不止一次这样了。

　　火星探测任务是 2001 年欧洲空间局极光（Aurora）计划的一部分。这是一个经过深思熟虑且具有伟大愿景的计划。但是，各国部长们并不喜欢这一计划，以至于该项目的第一个任务还在苦苦挣扎，目前还不清楚它是否真的会在 2020 年启动，因为 2016 年底在火星上的首次尝试着陆就出现了问题（参见上一章"火星探测任务灾难——为什么火星探测任务会失败？"），此外，该项目还差 1 亿欧元的资金。

欧洲空间局的梦想：追梦者号

　　不过在 2016 年初，欧洲空间局宣布了一个利好消息：他们加入了追梦者号。追梦者号是什么呢？如果航天飞机是一辆卡车，那么追梦者号就是载人飞船中的法拉利。追梦者号由内华达山脉公司建造，该公司交给美国国家航空航天局两种设计型号，即无人和载人两种，以供国际空间站采用。然而，截至目前，美国国家航空航天局已拒绝了带有机翼的载人飞船概念，毕竟他们对目前已有的飞船感到满意，即来自美国轨道科学公司的天鹅座（*Cygnus*）宇宙飞船和来自太空探索技术公司（SpaceX）的天龙号（*Dragon*）飞船。

此外，追梦者号十分完美。它沿袭了美国国家航空航天局在20世纪90年代初推出的HL-20载人发射系统概念。这一概念是基于俄罗斯的BOR-4和美国国家航空航天局与美国空军的X-24A[①]提出的。太空开发公司（SpaceDev）采用了HL-20的载人发射系统概念并对其进行了改进。但是内华达山脉公司于2008年收购了太空开发公司，并将这一概念用在了美国国家航空航天局的追梦者号上。

为什么追梦者号这么棒？

追梦者号采用的是升力体构型（Lifting Body）。当追梦者号再次返回大气层时会产生相对较大的升力，该升力与空气阻力相关，大小主要取决于体形，这就是其名字

---

① BOR=4和X-24A都是升力体飞行器。——译者注

的由来。同时，鉴于几乎是垂直的短翼，追梦者号要比太空舱更容易操作，毕竟太空舱其实根本就无法操控：就像联盟号一样，从国际空间站抛下太空舱，然后太空舱几乎不受控地自由坠落，撞向没有精确着陆点的海上或草原上的某个地方。升力体构型就不这样，它们有大约 2000 千米的跨距，即横向机动性。在地球自转期间，地球自转一周地球表面最多向东移动 2500 千米（具体数值根据所在纬度确定），因此追梦者号可以在 24 小时内精确地到达不短于3500 米长的任何着陆带，即实际上地球上每个较大的着陆点。换句话说，你可以在一天之内便将飞行器带回到日常检修和重新启动的地方。这个替代方案也说服了保守的美国国家航空航天局，因此它在 2016 年 1 月 14 日正式签发了新的 CRS-2 合同[①]，相应地，追梦者号将在 2024 年前完成 6 次去往国际空间站的飞行。

---

① NASA 在 2016 年 1 月 14 日宣布向 3 家公司签发了价值数十亿美元的商业补给服务（CRS-2）国际空间站货运补给合同，合同涵盖从 2019 年底到 2024 年的空间站往返补给飞行任务。——译者注

追梦者号与国际空
间站对接。（图片
来源：维基共享资
源展示的内华达山
脉太空系统）

这与欧洲空间局有什么关系？

　　每艘想要与国际空间站对接的载人航天飞船都需要一
个对接机制。欧洲空间局拥有专业知识，毕竟它之前曾向
国际空间站提供自动转移航天器补给船。在内华达山脉公
司的资助下，欧洲空间局目前希望进一步改善追梦者号的
既有构造。欧洲空间局希望在未来租用追梦者号用于进行
科学零重力实验，但是现在，追梦者号作为载人飞船搭载
在阿丽亚娜5号或阿丽亚娜6号火箭上！至少内华达山脉
公司和欧洲空间局之间签署的合作协议上做了这些规定。

　　就这么直接把追梦者号放在阿丽亚娜5号上，可以吗？

应该可以，至少在理论上是可行的。

阿丽亚娜 5 号也是在 20 世纪 80 年代研发的，目的是将赫尔墨斯航天飞机送入太空，而赫尔墨斯号与今天的追梦者号看起来几乎一样。现在需要让阿丽亚娜号和追梦者号相匹配，而不是和赫尔墨斯号相匹配，德国 OHB 航天公司会在欧洲数字证书（Digital Credentials for Europe，简称为 DC4EU）研究中继续执行这项任务，该研究是由德国宇航中心发起并于 2013 年开始实际运行的。

租一架太空滑翔机就不用自主研发了

欧洲通过美国商业太空公司载人进入太空？没人想到这一点，包括我也是。但是，如果仔细想一下，就不难发现这个想法很有意义。欧洲空间局租用太空滑翔机进行飞行，而不是自主研发，但随之而来的是各种问题。赫尔墨斯航天飞机曾经因为 60 亿欧元的高昂研发成本而失败了，而且需要运输的有效负载还是"负的"，因此，赫尔墨斯号必须进一步减重，至少得把它自己送上太空吧！由此可知，赫尔墨斯号从一开始就设计得很糟糕。

欧洲空间局和内华达山脉公司之间的交易无疑得到

了德国新任总干事扬·韦尔纳（Jan Wörner）的许可。在担任德国宇航中心首席执行官的最后几年，他授权进行欧洲数字证书研究。显然，有人将为国际空间站之后（大约2024年以后）的欧洲航天设计第一条官方路线。重点是追梦者号既提供了载人飞行，也提供了无人飞行。这就可以为欧洲进入太空提供了许多选择。

它会起作用吗?

追梦者号的缺点是它只能在低地球轨道上飞行。因此，它既不能进入地球静止轨道，也不能超越地球静止轨道（例如前往月球或者火星）。另一方面，这样的深空任务成本如此之高，没有哪个国家可以单独承担。即使是美国国家航空航天局也可能会为此寻找合作伙伴。对于此类深空任务，美国国家航空航天局目前正在开发太空发射系统（SLS）和猎户座太空舱（MPCV）。欧洲空间局目前正在为猎户座太空舱开发欧洲服务模块（European Service Module，简称为ESM），该模块是基于自动转移航天器的。因此，在国际空间站项目之后，美国国家航空航天局和欧洲空间局的合作路线已定好了。

正如我所想，这些项目前景都很好，我只是担心它们行不行得通。首先，因为航天项目无法事后弥补，所以在阿丽亚娜6号当前的开发阶段，必须按照追梦者号来设计。其次，7%的预算肯定无法满足此类载人航天任务。

缺少开拓精神

欧洲空间局是否应该增加载人航天项目的预算？对此仁者见仁，智者见智。更深一层的问题是：欧洲空间局的任务究竟是什么？是只关心欧洲航天业的福祉，还是进一步了解在太阳系中无人飞行和载人飞行的极限？难道国家就不能独立做这些事吗？

我认为这是美国和欧洲在航天上自我认知的决定性差异。美国国家航空航天局在战略计划的序言中写道："美国国家航空航天局其实就是针对美国未来的投资。作为探险者、开拓者以及创新者，我们大胆地突破天空和太空的界限。为美国服务，提高地球居住质量。"由欧洲主导的欧洲空间局（尤其是德国）与美国的这种自我认知相差甚远。

美国是第一个踏上月球的，也将是第一个登上火星的国家。全世界都关注着他们，为他们鼓掌。如果有人能实

现登陆火星计划，那必将是美国人。正是如此，他们汲取
技术支持和政治力量，无论是在过去还是在未来。阿门。

按照欧洲空间局20世
纪80年代的构想，赫
尔墨斯太空滑翔机位
于阿丽亚娜5号火箭
的顶部。（图片来源：
欧洲空间局）

太空中的战争？

2015年2月3日，美军军用气象卫星DMSP-F13爆炸解体。此后，一直有人猜测：它究竟是被敌方卫星击毁的还是仅仅发生了爆炸？

　　2015年2月25日，来自科罗拉多州的天体动力学家托马斯·肖恩·凯尔索（T. S. Kelso）在报告中说道：找到5个碎片之后，又找到了气象卫星DMSP-F13的26个碎片。通过重新计算，他将爆炸日期锁定在2015年2月3日17点23分（世界标准时间）。在那之后，空军太空司令部再也无法对此保持沉默，于是他们于2月27日承认了这起爆炸事故，这一气象卫星共有43处断裂。然而，空军太空司令部并未透露爆炸起因。

　　从那时起，就有人猜测，拥有20年历史的气象卫星DMSP-F13可能是被敌方击毁的。否则，为什么一颗昂贵的军用卫星会爆炸？

DMSP-F13是被敌方击毁的吗？

　　敌方为何要击落美军军用气象卫星？实际上并不是，因为自20世纪60年代以来，美国空军几乎每年都会发射一颗气象卫星，迄今为止总共发射了59颗。

　　在1995年发射的气象卫星DMSP-F13，设计使用寿命为3～4年。20年了，它仍是美国最老的在轨DMSP系列卫星。美国军方已经停止让该卫星服役，但对美国民用气象机构（美国国家海洋和大气管理局）来说，该卫星虽然用处不大但也还有些许作用。所以炸毁 DMSP-F13 对任何人来说都没有什么特别损失。由此可知，敌方没有理由让这一超期服役的气象卫星爆炸瘫痪。

不是每个人都能击落卫星的

也许这么做的目的是表明敌方有能力可以从太空摧毁敌方卫星。这确实令人侧目，毕竟从几百千米外击落一颗以时速 27000 千米／时旋转的小型卫星需要超高的技术实力，这可给每一个大国都留下深刻印象。

但是，与其击落敌国的卫星来扩大自己的影响力，不如击落一颗自己的旧卫星，这同样也能达到令人印象深刻的目的。

2008 年 2 月 21 日，美国使用舰载 RIM-161 "标准 3"导弹摧毁了自己的故障间谍卫星 USA-193。然而，乔治·布什领导下的美国政府宣称，在官方看来这并不是要展示任何技术实力，毕竟卫星上搭载了 500 公斤的有毒燃料——肼，因此要赶在卫星自行坠毁前销毁这些有毒燃料。

但其实，如果卫星在大气层中燃烧起来，那么轻型油箱中的燃料也会燃烧殆尽，也就是说不会造成任何危害。所以不得不说，这一切还是为了展示实力：看，我们美国也能做到。

简单的解释

既然"可以摧毁卫星"这一实力早已展示过了，那么为什么 DMSP-F13 会发生爆炸呢？截至目前，因电池故障而造成的卫星爆炸已有 8 次。曾经，DMSP-F13 使用镍氢电池，其钢制电池盒内的气压高达 8×10^6 帕。电荷变化许多年之后，一旦石墨盒材料老化，那么电池很可能会爆炸。因此，近 10 年以来，各航天大国一直在建议，把报废的卫星有针对性地进行销毁，释放电池压力、排空燃料箱，以使其无害化。然而，20 年前可没这种经验，因此 DMSP-F13 肯定也没有这样的报废炸毁要求。只是让该卫星继续飞行，直到它停止应答。所以可想而知，当卫星寿终正寝时电路短路会引发 NiH_2 电池爆炸。

这一假设已得到证实。2015 年 7 月的一份调查报告显示，充电器中的电线短路会给电池不加节制地充电，从而使得电池失控超压。2016 年 11 月，具有相同电池和充电设备的 NOAA-16 卫星也发生了爆炸。据说，该卫星的电池也发生了爆炸。因此，这绝不可能是最后一次发生这种类型的爆炸。

太空垃圾有多危险?

在 20 世纪 50 年代的汽车时代,有缺陷的汽车被随意地扔在路边,现在的航天活动也是如此。但是有缺陷的卫星是枚定时炸弹,有足够的理由进行预防。

为了更好地明白要讲的内容，首先得看看机构间空间碎片协调委员会（Inter-Agency Space Debris Coordination Committee，简称为 IADC）对太空垃圾的官方定义："太空垃圾是在地球轨道上运行或再入大气层的无功能的人造物体及其残块和组件。"换句话说："太空垃圾是近地空间中所有的无用人造部件。"例如，废弃的卫星。

危险潜伏在哪里？

出于实际原因需要对"近地"进行界定，毕竟现役空间飞行器在那附近盘旋，它们很可能撞到彼此。到目前为止，大多数卫星位于距地 300 千米至 2000 千米的上方，即通常所说的低地球轨道（Low-Earth-Orbits，简称为 LEO）。许多通信卫星位于 36000 千米高度的地球静止轨道上，还有一些卫星，如 GPS 等导航卫星位于中地球轨道（Medium-Earth-Orbit，简称为 MEO）上，即 2000 千米至地球静止轨道。正因在这些高度范围内有航天活动才制造出了太空垃圾，因此低地球轨道上有迄今为止最多的碎片，大约占总数的 73%。

究竟有多少呢？这取决于碎片的大小，而碎片的大小又决定了它对航天器的危害。根据经验，任何像豌豆一样大的东西，也就是说直径约1厘米的东西，都具有像手榴弹一样的冲击力。原因是在低地球轨道上的部分零件运行速度非常快。它们的时速约为28000千米/时，比子弹快约15倍。即使是国际空间站也抵挡不住一颗豌豆大小的垃圾的冲击，其外壳会被击穿。然而，这些并不足以致命，人们有足够的时间将发生泄漏的模块与国际空间站的其余部分隔开。而大于10厘米的碎片，其破坏力极大，并会引发空间站压力泄漏，届时宇航员必须立即乘坐联盟号救援舱撤离国际空间站，并将其废弃。

太空垃圾——在哪里？有多少？

目前的统计数据显示，大于1厘米的太空垃圾超过30万件。其中，大于5厘米的有19000件。从地球上可以通过美国太空监视网络的雷达望远镜观测大型太空垃圾并确定它们的轨道。以这种方式识别到的所有碎片都被保存记录了下来并编序入册。记录数据量最大的是美国战略司令部，在他们的记录中，大多数碎片都在距地800千米到1500千米之间的轨道上运行，毕竟这是大多数地球观测卫星所在的位置。美国国防部的联合太空作战中心提前 72 小时计算目录中所有大于 10 厘米碎片的运行轨迹，并将其与所有现役卫星的运行轨迹进行对比，大概有 1000 个。如果有发生撞击的可能性，卫星的使用者会提前得到警告，并可通过对轨道进行微小的调整来规避碰撞风险。例如，国际空间站每年大约有两次会通过绕行方式规避这十万分之一的风险。

对较大的太空垃圾进行编目入册。远处的环是地球静止轨道上的卫星，地球周围的明亮云是低地球轨道上的卫星。（图片来源：欧洲空间局）

国际空间站并没立于危墙之下，因为空间站在距地 400 千米的高空公转，在那里，碎片的运行速度受残余的空气阻力影响而减缓，最迟一年后就会下落并在地球大气层中燃烧殆尽。所以在非常低的距地高度上会形成真空吸尘器的效果。然而，在距地 800 千米到 1500 千米的高空中情况就变了，因为那里的大气层极其稀薄，这就是为什么碎片在这一高度总能堆积很长时间。

真正的危险：凯斯勒综合征

人类实际上可以在这种情况下生存。平均而言，国际空间站每 36 年就会被一块 1～10 厘米的碎片击中。然后，我们就不得不将相关模块隔离开。由于空间站的使用寿命通常只有 20～30 年（具体年限取决于对空间站的维修保养），小块的碎片撞击造成的问题不大。大块的碎片其实也不会造成任何问题，因为空间站会通过调整运行轨迹来进行躲避。

航天国家对太空垃圾的恐惧影响着未来。过去不曾有人注意到这个问题（甚至连欧洲空间局自己都没留意），因此太空垃圾的数量不断增加。碎片之间相互碰撞可能会产生更多同样具有威胁性的太空垃圾，这样一来，撞击事故发生的可能性就更大了。这意味着，随时可能产生雪崩效应，使得未来的所有航天活动都再无可能，特别是在特别高的高空，因为那里的碎片尚未被大气层清除掉。这就是凯斯勒效应，也被称为凯斯勒综合征，目前所有专家都在激烈地讨论着如何解决这个问题。

因为所有的碎片都像子弹一样在太空里飞来飞去，既无法对它们进行大规模收集，也不能从地面对其进行定点击落。长远来看，唯一有效的方法是用指定服务卫星来接近大块垃圾，特别是接近那些不再服役的卫星，随后再通过机械作用使其偏转，从而使这些大块垃圾的运行轨道穿过大气层深处并在大气层中燃烧殆尽。这个过程被称为"脱轨"。这至少可以阻止雪崩效应。在慕尼黑工业大学研究所里，我正在研发通过遥控机器人或者通过"鱼叉"或是"渔网"（欧洲空间局的一个想法）来捕获卫星。

太空政策——鸵鸟政策

可惜航天国家还没痛苦到想要立即研发投入如此昂贵的技术。2009 年 2 月 10 日两颗卫星直接相撞，一瞬间产生了 2000 个需要进行编目的新太空垃圾，尽管这个事件给我们提了个醒，但各国无法保证这一项不具法律约束力的规定，即卫星在报废后无论如何都不应在太空停留超过25年。

就像生活中经常出现的场景一样，只有在一切都来不及的时候人们才会行动起来。但是根据目前的情况来看，地球观测卫星主要在 800 ～ 1000 千米上空运行，未来的几个世纪内都将如此。

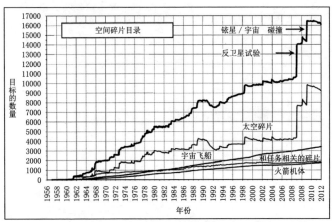

按天体类型划分的地球轨道上目标物体的每月数量：该图表显示了美国纽约太空监视局正式编目地球轨道上所有目标物体的汇总。"太空碎片"包括卫星破碎碎片和异常事件碎片，而"和任务相关的碎片"包括作为计划飞行任务的一部分而分发、分离或释放的所有物体。

来源：限制航天器未来的碰撞风险；美国宇航局的流星体和轨道碎片项目的评估报告，NASA，ISBN 978-0-309-21974-7

自 1957 年开始太空探索以来，太空垃圾不断地增加。（图片来源：美国国家航空航天局轨道碎片项目季度报道）

埃隆·马斯克是下一个
沃纳·冯·布劳恩!

沃纳·冯·布劳恩已经有载人火星飞行的方案了。今天,我们即将实现这一目标。

　　航天已经逼近可能性极限，而且花费极其昂贵。因此，那些想要在航天上取得伟大成就的人，需要有坚强的意志和大量的金钱支撑。

沃纳·冯·布劳恩的航天动力

　　沃纳·冯·布劳恩（Wernher von Braun）在20世纪初就有了这个想法。当有人问他是什么驱使他航天的，他说，在他十几岁的时候，他读过库尔德·拉斯维茨（Kurd Laßwitz）于1897年出版的小说《在两颗行星上》，从那以后他就一直痴迷于火星研究。这部作品在短短几周内就售出了2万册，不久之后就卖出了数十万册，即使以今天的标准来看，这也是一本畅销数十年的书。

　　这本小说是关于火星人努门（Numen）的故事，火星人跟地球人很相似，只是血液更温暖一点，眼睛也更明亮一些。正如康德主义者所坚信的那样，火星人在道德和技术上都优于地球人。自由民主是火星上的最高准则。议政是火星公民的义务，火星人之间不会相互嫉妒，而且每个火星人每天都应该阅读2份不同政治派别的报纸。火星人在各方面都优于地球人的想法在当时屡见不鲜。那时，对另一方感到好奇的不是访问火星的地球居民，而是带着非和平意图访问地球的火星人。他们在乘坐气球飞行时抓住了 3 个同行的人，故事由此展开，故事的结尾是地球被渴望太阳能的火星人统治。可怕的火星入侵神话就这样诞生了。

沃纳·冯·布劳恩从这本小说中受益颇多，不过不是小说中优秀的火星人故事，而是小说中呈现的想法，即人们也许可以飞向最近的星球。对他产生决定性影响的第二本书是赫尔曼·奥伯特（Hermann Oberth）于 1923 年出版的《飞往星际空间的火箭》，该书从数学角度上证明了人类能够用火箭飞向太空。这是沃纳·冯·布劳恩于 1929 年开始制造火箭的动力。

没有钱寸步难行

然而，沃纳·冯·布劳恩和他的团队遇到了一个大难题：他们没有钱购买飞往太空的火箭。陆军武器办公室的提议正好适合他们，该办公室为他们提供了资金并在柏林附近的库默斯多夫（Kummersdorf）建立了一个实验场地。对沃纳·冯·布劳恩来说，在佩内明德（Peenemünde）建造的第一枚成熟的 A4 火箭只是他迈向火星的第一步，他很清楚地知道只有经由月球才能到达火星。

在第二次世界大战后，他立即转向为美国效力，因为他认为只有美国才会使用他的火箭技术飞往月球。不过美国一开始并没有这样做，而是在俄罗斯人首次将人类——也就是加加林——送入太空并向世人展示了谁才是太空霸主之后，他们才采纳了沃纳·冯·布劳恩的想法。但其实沃纳·冯·布劳恩早在阿波罗飞行期间就曾试过说服政客们支持探索火星。那会儿，工程师们觉得只需30年就能开启首次火星之旅。但美国在大量注资阿波罗计划后迫切希望能看到效果，并且在20世纪70年代初启动了航天飞机计划。沃纳·冯·布劳恩于1977年带着遗憾离世了，那时距离人类登陆火星还有很长的路要走。

父子同心……

1989年7月20日，在首次登月20周年之际，美国总统老布什宣布了太空探索计划，该计划将在大约30年后把美国人送上火星。然而，仅仅3年后，当克林顿就任总统时，一切都作废了。在2004年1月15日，老布什之子小布什就任总统后再次提出了登陆月球的太空探索构想，并计划最终在大约 30 年后登陆火星。但是，随着新一任总统奥巴马的上任，这些计划也被取消了。

自 2017 年以来，特朗普一直担任美国总统。美国国家航空航天局和他同声共气，并在 2016 年底提交了新的"火星之旅"计划。按照该计划，第一个美国人将于 20 到 25 年后登陆火星。尽管新政府尚未做出任何具体官方声明，但新政府实际上对这些计划颇有好感。在 2011 年航天飞机时代和 2024 年空间站时代落下帷幕后，未来有望再次登上月球，希望在那之后可以飞向太阳系深处。

埃隆·马斯克的想法

除此之外还有埃隆·马斯克（Elon Musk），这位企业家创立了私人太空公司 SpaceX 并成功提供了最便宜的太空之旅。只要看过以及听过他于 2016 年 9 月底在墨西哥举行的太空会议上发表的演讲的人，就知道他对此是认真的。和美国国家航空航天局一样，他也想去火星。但他想要的更多。他想在火星上建立一个永久基地，作为人类的前哨站和长期居住地。与众所周知的"火星一号任务"不同（参见笔者的另一本书《黑洞中的魔鬼》中"火星一号任务——

这是什么？"一节），马斯克希望任何人都可自愿往返火星。

重要的是，马斯克有足够的资金来实现这一构想。仔细查看他在演讲中展示的幻灯片就会发现，他的计划在技术上是合理的，而且是经过深思熟虑的。尽管他估计火星任务的初始成本为 100 亿美元，但他希望通过使用地球轨道和火星上的加油站（当然，最初需要额外付费）以及地球和火星之间的穿梭服务降低成本。据报道，100 人以上每次飞行费用为 10 万至 20 万美元。我认为这是个相当不错的主意，如果成本是每人 10 万至 20 万美元，那么每次飞行总费用大约 1 亿至 2 亿美元，一旦得以实现必将是这个领域的巨大突破。

当听众问起他打算如何筹措资金时，他回答说："通过众筹方式和公共政府部门与社会资本合作模式（Public-Private-Partnership，简称 PPP）。"大厅里起初一片死寂。然后，慢慢出现一些轻微的笑声，因为每个人都期望马斯克能自己为这一切买单。但马斯克是一个现实主义者。他知道，自己无法独自承担约 1000 亿美元的首次任务费用。但他可以用他的钱作为启动资金推动任务开始，这就足够了。钱会吸引更多的钱。如果他将自己的 10 亿美元投入这个任务计划中，美国国家航空航天局也会大手笔投入参与进来，并通过 PPP 模式支持该项目。因此，世界各国都会相信这一设想能够成功，并将通过众筹尽自己的一份力量。如果全世界总人口的 1.4%（即 1 亿人）每人支付 100 美元，那么马斯克就有足够的资金开启第一次火星任务。

做好赴死的准备了吗？

当被问及他自己觉得任务有多危险时，马斯克说："当你做好死亡的准备时，你就是合适的人选。"这些都是未被修饰的事实。航天是危险的（参见"如何应对致命的任务风险？"一章），因为它逼近了可行性极限。每个参与者都必须明确这一点。不同点在于，火星之行成功返回的概率推测约为 90%（这是美国国家航空航天局的预先规定值），而火星一号（MarsOne，前往火星的单程旅行）在火星上第一个月后成功返回的概率估计也就 10%。马斯克公开谈论自己将承担的风险，但没有人告诉火星一号任务候选人他们将承担的极高任务风险。

马斯克已经为他第一艘飞往火星的载人飞船取好了名字——"黄金之心"，以此向道格拉斯·亚当斯（Douglas Adams）在他广受欢迎的科幻小说《银河系漫游指南》（*Per*

Hitchhiker durch die Galaxis）中描绘的由赞法德·毕博布鲁克斯（Zaphod Beeblebrox）指挥的星际飞船致敬。

在沃纳·冯·布劳恩（没有他的话就不会有对火星的幻想）之后的 20 世纪 80 年代，航天工程师说："如果我们想去火星，我们就需要另一个冯·布劳恩！"也就是需要一个具有钢铁意志和领导力的人。埃隆·马斯克不仅具有这些品质，他还有种子资金和美国国家航空航天局的支持。要实现这个终极人类梦想还需要些什么？库尔德·拉斯维茨和道格拉斯·亚当斯播下的航天梦想，证明了有远见的科幻小说对我们的思想和行动是多么重要啊！

"只需要两步就可到达宇宙的边缘——一步是信仰，一步是意志。"

——奥诺雷·德·巴尔扎克（Honoré·de Balzac）

巧妙回收火箭的谎话

当埃隆·马斯克的猎鹰9号运载火箭第一级返回并安全降落在地球上时，受到了热烈欢迎。但回收火箭真的是航天的重大突破吗？我持怀疑态度。

重复使用听起来能降低成本，还可以依托可持续利用而闻名。时下，可持续使用总是很受欢迎。难怪媒体和专家们欢呼道："SpaceX 创始人埃隆·马斯克在火箭发射后将火箭的分级 [1] 带回地球，可以说是取得了里程碑般的成绩。回收火箭的时代开始。" [2] "这是航天中的一大步：随着运载火箭从太空返回并成功着陆地球，一次性火箭时代即将结束。" [3]

正如我尊敬的哲学家、分析师伯特兰·罗素所说的那样："如果所有专家都认可的话，建议此时一定谨慎行事。"所以，让我们小心谨慎地看看到底发生了什么。

有什么经验？

2015 年 12 月 21 日，人们为 SpaceX 公司的猎鹰 9 号（*Falcon 9*）火箭第一级成功返回地球并软着陆而欢

---

[1]   不同的火箭级数不一样。现代火箭往往用两级、三级或四级火箭（四级火箭即末级火箭）来发射人造地球卫星。——译者注

[2]   www.welt.de/wirtschaft/article150227655/SpaceX-katapultiert-die-Raumfahrt-in-neueEpoche.html.

[3]   www.welt.de/newsticker/dpa_nt/infoline_nt/brennpunkte_nt/article150230782/SpaceXRakete-landet-aufrecht-auf-der-Erde.html.

呼。自 2011 年以来，SpaceX 一直在将此作为蚱蜢项目
（Grasshopper-Programms）的一部分并一直进行测试。大
家需要向 SpaceX 脱帽致敬，因为它提供的软着陆返回技术
是一项杰出的技术实力。SpaceX 真的很棒！

　　但请注意，火箭只返回了第一级，而没有返回第二级。
人们可以从视频中清楚地看到这一点：发射时的火箭和返
回时缺失上半部分的火箭。也就是说只回收了一半。在首
次成功返回之前，SpaceX 曾于 2015 年 1 月和 4 月在海上
的浮动着陆平台上进行了两次回收尝试，但是都失败了。
在此期间，SpaceX 在回收火箭方面已经做得很不错了。

2016 年 1 月 17 日，猎鹰 9
号火箭第一级在太平洋的浮
动平台上着陆尝试。（图片
来源：SpaceX，公共领域）

SpaceX 并非唯一一家

太空探索技术公司并非唯一一家尝试回收火箭第一级的太空公司。在 20 世纪 90 年代，麦克唐纳 - 道格拉斯公司（McDonnell-Douglas Corporation）首次利用单级 DC-X 火箭（*Delta Clipper*）展示了火箭的分级如何成功返回地球并着陆。测试项目完成后，经验丰富的员工被蓝色起源公司挖走，2015 年 11 月 23 日，该公司首次使用新谢泼德号火箭成功实现了从 100 千米高空进行软着陆——但这是试飞，还不是算商业飞行。

一次性成本重复使用……

虽然 SpaceX 不是首家发射火箭的公司，但它是第一家专门开发火箭回收技术以降低飞行成本的航天公司。那么如何节省成本呢？

正如生活中经常发生的那样，为了节省成本，需要先额外花费一些钱。比如，要在房子里安装一个新的效果更好的供暖系统，一开始是要花钱购置的。如果买不到可重复使用的火箭，就必须自主研发了，这样的话成本就更高了。

但 SpaceX 的所有者埃隆·马斯克自掏腰包购买了可重复使用的火箭，同时对研发费三缄其口。然而，他自己也一再表示，如果火箭的绝大部分不能重复使用，猎鹰火箭即使对他来说并不贵，也是毫无意义的。

这些额外的研发成本，我估计约为 4 亿美元。其中，包括浮动着陆平台，这些通常都要转换计入火箭飞行成本，这导致一开始时成本不会降低反会增加。

还要很多！

我们需要燃料、大量的燃料，以减慢第一级火箭的速度并实现软着陆。具体来说，大约需要 15 吨，正好相当于火箭第一级升至足以脱离火箭的高度。为了带上这些额外燃料，其他要带的有效载荷也就是说卫星质量就得减少。

据 SpaceX 称，若是在低地球轨道，燃料就可减少三分之一，即减少了 5 吨。因此，不需要回收就可以将 18.6 吨有效载荷送入太空，而不是目前需要回收时的 13.15 吨有效载荷。如果 SpaceX 不进行火箭分级回收，那么利润将增加 30%。

所以问题是，通过回收再利用火箭第一级，每次飞行成本能节省超过 30%，也就是 1840 万美元吗？只有这样，重复使用才会具有经济优势。但其实，回收再利用的额外成本要高得多，因为不仅仅是额外的研发成本（大约 800 万美元）。如果将成本分摊到前 50 个航班，还需要再加上回收成本。此外，在发射时，火箭所有部件达到了材料负载极限，尤其是驱动器必须能在 1000 万帕压强下承受 300～400℃高温。因此，飞行 30 万千米后，火箭驱动器就像汽车发动机开久了一样，需要进行大修。所以，将火箭整体拆解成单独的零件，用 X 射线方法和超声波检查是否有裂纹，从而更换裂开的部件或其他有缺陷的部件，然后将所有部件重新组装起来。如此这般再加工其实需要大量的工作和花费大量的金钱，大约占新驱动器制造成本的 50%。

费用使用账单

计算一下全部费用。据太空探索技术公司称，猎鹰 9 号的发射成本为 6100 万美元。新购的火箭第一级约占成本的 25%，即 1500 万美元，但是通过回收再利用的方式可以节约这一成本，不过得扣除 50% 的再处理费用。回收一共可以节省大约 750 万美元。另一方面，由于有效载荷降低会导致利润损失 1840 万美元，加上回收再利用技术的研发成本约 800 万美元，费用总计约 2640 万美元。

结论：要是不回收的话，火箭的利润为 2640 万美元，而要是回收的话火箭的利润为 750 万美元。即使我的成本估算略有偏差，回收火箭也是不值得的，哪怕是马斯克不想拿回研发成本也无济于事。事实上，马斯克的回收利用每次航班造成的损失为 1500 万至 2300 万美元。这样值得吗？

只要负担得起就回收

因此，我预测：埃隆·马斯克将以回收火箭的荣誉来美化自己，直到美国联合发射联盟公司的新火神火箭和欧洲的新阿丽亚娜 6 号等竞争对手在价格上逼平他，这样他就无法再接受因回收火箭而蒙受的损失，然后找个不失颜面的理由放弃回收火箭。因此，我只能建议其他火箭制造商们：切勿回收火箭。

价值 1 亿美元的
星际之旅

斯蒂芬·霍金和尤里·米尔纳计划向遥远的恒星系发射纳米卫星，并在那里寻找外星生命。这样做有什么意义呢？

　　2016 年 4 月，人们在电视频道和网站上看到了这条消息：俄罗斯亿万富翁尤里·米尔纳（Yuri Milner）想深入太空去寻找外星智慧生命。尤里·米尔纳希望与物理学家斯蒂芬·霍金合作，通过微型纳米宇宙飞船来实现这个想法。

　　该项目的幕后推手是俄罗斯亿万富翁、科学迷尤里·米尔纳（据说他的母亲以第一位太空人尤里·加加林的名字给他取名尤里），斯蒂芬·霍金（你一定知道他）和马克·扎克伯格（脸书创始人）。2015 年他们宣布了 "突破计划"，该计划旨在通过射电望远镜在太空中寻找外星生命。

　　2015 年某天，尤里·米尔纳与康奈尔大学学生扎克·曼彻斯特（Zac Manchester）进行了一次对话，后者正在 Kickstarter[①] 平台上为他的微型卫星想法筹集资金。这是一个芯片卫星，扎克·曼彻斯特将其命名为 "小精灵" Sprite，并在自己的网页上做出了介绍。米尔纳对这个想法印象深刻。扎克·曼彻斯特的想法是将这颗只有几克重的小型芯片卫星（也称为纳米卫星）发送到其他恒星系，并在那里拍摄其他行星的照片。该任务被命名为 "突

_____

① Kickstarter 于 2009 年 4 月在美国纽约成立，是一个专为具有创意方案的企业筹资的众筹网站平台。2015 年 9 月 22 日众筹网站 Kickstarter 宣布重新改组为 "公益公司"。创始人称不追求将公司出售或上市。——译者注

破计划"中的"突破摄星"(Breakthrough Starshot)。
2016 年 4 月 12 日在新闻发布会上正式宣布了"突破摄星"
任务。1961 年 4 月 12 日(又是 4 月 12 日),这天同样令
人难忘,这一天是尤里·加加林飞向太空的日子,此后全
世界的年轻人也称这天为"尤里之夜"。

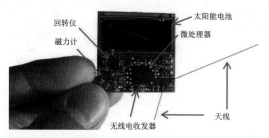

扎克·曼彻斯特的小精灵 Sprite 芯片卫星(图片来源:扎克·曼彻斯特)

对此,尤里·米尔纳提出了自己的想法,同时他也从
一些专家那打听到如下想法:将数百颗甚至数千颗芯片卫
星送入近地轨道。在那里,每个卫星都会展开一个大小大
约只有 1 米 ×1 米的遮阳帆。接下来,一个由大约 150 门安
置在地球上的激光炮组成的武器库以高达 100 吉瓦①(相当
于大约 10 个核电站!)的功率向 1 平方米的遮阳帆区域猛

① 吉瓦(gw)是一个功率单位,1 吉瓦等于 10 亿瓦,等于 1000 兆瓦。——译
者注

击 2～3 秒。据说这种功率可以将卫星加速到光速的 20%。

　　这是行不通的，因为首先，这相当于 4 万倍重力加速度。无异于用棒球棒击打卫星。其次，如果遮阳帆只能吸取 0.001% 的功率而不是将其反射（到目前为止还没有可以实现的材料），那么仅在几微秒内遮阳帆将被粉碎，这就是进一步加速引发的结果。

　　假设以某种方式达到了光速的 20%。以这种速度，卫星可能会在 20 年内飞到距离最近的半人马座阿尔法星，这一恒星系统距离地球只有 4.3 光年。没错，4.3 光年 / 0.2 光速 = 21.5 年。但是目的为何？尤里·米尔纳回答道："拍下行星系的照片，收集数据，然后把这些都传回地球。"

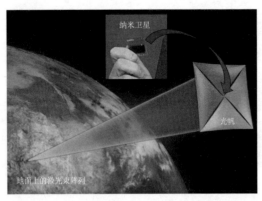

"突破摄星"的工作原理。芯片卫星正好位于遮阳帆的中心位置。（图片来源：新闻发布会 / 乌尔里希·沃尔特编辑）

　　什么？半人马座阿尔法星是一颗双星系统，导致大部分系内行星都被抛出该天体系统。如果有一颗行星，即半人马座阿尔法星 Bb，那里也会是一片地表温度至少为800℃以上的死寂沙漠。所以那里不会有外星生命。

　　如此之小的微型卫星如何接收几百瓦以上由激光炮发出的激光发射功率呢？扎克·曼彻斯特设计的芯片上有一个太阳能电池（芯片上的大面积黑色区域）。嗯，够了吧？那么芯片上 100 瓦的激光器安在了哪里呢？

　　因此，还有很多问题亟待解决。这就包括所有激光炮的光必须连贯地射向遮光帆。仍然有可能从几千兆瓦的激光器发出相干光①，每一个微小的空气振动都会破坏入射的相干性。"没错，"尤里·米尔纳说，"这仍有待解决，但你可以将激光器放置于太空中。"这意味着以纳米为间距放置悬浮激光器，并在太空中为其提供 10 座核电站。顺便说一句，尤里·米尔纳想的是提供 1 亿美元。但即使他再加 3 个零，估计也不够。有小道消息说，"突破摄星"正在寻找更多的赞助商。那么……

———————————

① 相干光指满足相干条件、产生干涉现象的光波，这种光波之间波长（或相应频率）相同，偏振态相同，相位相同或相位差恒定。——译者注

　　我必须承认，哪怕这个项目未来不会成功，我也依旧是这个项目的粉丝。那个家伙只是为了一个异想天开的设想便支付了数亿。世界上的年轻人可能会举办一些比赛，比如太空电梯比赛（参见"空间电梯——搭乘电梯去太空？"一章），这定然会催生出新技术并由此诞生新一代太空极客。如果尤里·米尔纳能做到这一点，那么这笔投资就值得了。

　　尤里·米尔纳，还要再接再厉呀！

发射！

作为未来的太空游客您会期待些什么？

您是准备攒钱去太空度假的那部分人中的一员吗？俄罗斯正计划长期为太空游客提供定期航班。太空旅行准备不仅仅需要有强大的经济支撑，还应该了解在太空可能会发生些什么。您飞到那里是为了从太空观赏地球，不过还应事先了解些其他事情，这样您就不会在事后后悔地说道："天啊，我是疯了吗？"

闪光！脑子有问题？

您一定要做好准备，会在第一天因太空病而丧失行动能力。此外，您早上喝的咖啡也不好喝了，因为香味没了（在失重状态下，无论是咖啡还是食物都没有热腾腾的香味）。并且您会怀疑自己是否还正常，因为在您的眼睛里会一直出现幻觉：您时不时地会看到闪光。别担心，这对您来说可能很不寻常，但在太空上却司空见惯。就连第一批宇航员也对眼中的这些闪光感到好奇。他们起初对此事只字不提，因为他们以为是自身出现了问题。在宇航员回访例会上——按惯例每周一早上在休斯敦的宇航员会议室举行，宇航员们会分享亲身经历，于是大家很快就发现，几乎所有在太空中的人都看到过这类闪光。背后一定有什么原因，他们会向医生求助。

他们很快发现，报告中的闪光是在南大西洋上空飞行时频繁出现的；特别是在太阳活动增加期间。因为在那里有著名的南大西洋异常现象——地球磁场剧烈变弱，闪光现象在一定程度上与此相关。这便提供了决定性线索。正如大家现在所知，这和高能基本粒子的撞击有关，这些粒子通常会被地球磁场偏转并被地球大气层消除，并且永远不会撞击地表。大部分粒子是太阳活动增加时产生的大量质子以及HZE粒子（也就是说那些来自太空深处的质量更大的高电离态原子）。然而，由于南大西洋上空地球磁场较弱（异常现象），这些粒子便可进入距地球几百千米的范围内并穿过航天器所在轨道。

我那会儿对D2任务感到些许失望，因为我起初并未看到闪光。有一次，我们正在飞越南大西洋时，那时我正好躺在我的铺位上休息，舱门关上后，我的周围就变得一片漆黑。我的值班同事杰瑞立即问我是否感到不舒服，但当我告诉他我的小实验时，他只是笑了笑。然后我闭上眼睛浮在舱内，却一直看不太见。尽管如此，我还是觉得在视野的右上角看到了一道闪光，但对于科学家来说，只看到一次就和没看到是一样的。必须是可重复的事件，只有这样才能更仔细地研究它们。

原因

迄今为止，科学家们对这些闪光是如何在眼前出现的
观点并未达成一致。直到前不久，我还认为这很可能是来
自其他物理领域的著名的切连科夫辐射[1]。下文介绍一下这
一现象的形成过程。这些粒子几乎以光速飞向眼睛，其速
度能量很高，因此它们几乎不受阻碍地渗入由透明的凝胶
体（玻璃体）构成的眼睛内部。然而，在这种凝胶体中，
入射的质量粒子比光传播的速度更快。顺便说一下，这一
事实与爱因斯坦的相对论并不矛盾，后者认为没有比光速
更快的东西。相对论指的是真空光速，也就是真空状态下
无约束的光速。然而，光的传播速度在眼球凝胶体等介质
存在的情况下会降低，这意味着质量粒子在眼球凝胶体中
以近乎真空光速的速度移动，这可比实际光速还快！这种
超光速粒子与凝胶分子碰撞后迅速减速。随后，便在分子

———————————

[1] 切连科夫辐射指高能带电粒子通过物质导致径迹附近的分子极化、退极化
时以电磁波形式释放多余能量，相邻分子发出的电磁波相干干涉形式的辐射现
象。——译者注

的原子壳中被超声冲击波撕开一个"洞"——分子被电离。一旦这些洞被填充后便会产生小光波。现在，无数被电离的分子在入射粒子后面划出一条长而直的轨迹。这样一来便产生了视网膜可察觉到的可视光迹。这种"超光速爆炸辐射"是由在眼球玻璃体中飞行速度比光快的粒子引起的，物理学家称其为切连科夫辐射。

华盛顿大学的汉斯·比克塞尔（Hans Bichsel）教授曾研究过这种现象和类似事件，其中也有中子辐射患者报告，比克塞尔教授在一封电子邮件中向我指出，他完全不同意这一观点，他认为闪光是宇宙粒子直接刺激视网膜形成的。在长时间的反复验证中，我们得出的结论是两者都有可能：所谓的"闪光"和"双闪"，也就是宇航员呈报的小型单闪光和双闪光，可能直接进入视网膜；而所谓的"条纹闪烁"（长而窄的闪光）、"超新星闪烁"（由许多较小的闪光云环绕的明亮的中心闪光）和"云闪"（非结构化、微弱、模糊的闪光）则更可能是由切连科夫辐射引起的。

自身实验

　　如果想在了解这么多理论闪光之后亲自看到闪光，我建议您可以在家里进行一次完全无害的自身实验。实验会用到 3 伏电压源（最好是选择 2 个串联的 1.5 伏电池。注意，只需要 2 节 1.5 伏的电池，切记不要使用电源电压！），两根末端剥开的细电力电缆以及湿食盐。将每根电缆的一端分别固定在电池的两个终端触点上，随后让助手用沾有食盐的湿手指将一根电缆的另一端紧紧地压在您后脑勺上。然后进入一个漆黑的房间，等待大约 10 分钟，直到视网膜适应黑暗，然后自己用一根沾有食盐的手指，有节奏地将另一根电缆按向额头。每当电缆端碰到额头时，你就会看到一道闪光。

　　以这种方式产生的闪光（电光幻视）是基于对整个视网膜的直接均匀电刺激。因此，它们看起来面积较大，但只能在有限的范围内与宇航员看见的闪光、双闪、条纹闪烁、超新星闪烁和云闪进行比较。因此，想看到真正闪光的人啊，请耐心等待并为您未来在太空酒店中的度假攒钱吧。

　　顺便说一下，自身实验在自然科学家中有着悠久的传统。心脏病专家、后来的诺贝尔奖获得者维尔纳·福斯

曼（Werner Forßmann）在 1929 年在自己身上插入了第一
根心脏导管。安托万·亨利·贝克勒尔（Antoine Henri
Becquerel）在 1896 年发现了铀的放射性，因为它在照片
的底片上留下了黑色。和放射性研究领域的其他先驱一样，
安托万·亨利·贝克勒尔（通过自身实验）很快就发现了
如何能更容易、更快速地检测样本中的铀：在黑暗的房间
里，只需将样品放在人体太阳穴上即可，如果随后在眼睛
中看到闪光，即切伦科夫辐射现象（铀释放出放射性 α 辐
射现象），那么铀就在其中！

太空人出发！

笑得泪流满面：自 2003 年以来，中国一直用自主研发的火箭飞向太空，这是德国一直没能实现的，但截至 2009 年，德国一直向中国支付发展援助金。

您可以问一下您的孩子：美国在航天领域中做了什么？您的孩子一定会睁大眼睛然后说道："美国国家航空航天局（这很可能是孩子脱口而出的第一个词语）将宇航员送上了月球和空间站，还通过哈勃望远镜拍摄精美照片。"几乎每周我都会收到 5 ～ 10 岁孩子的绘画，孩子们画得十分细致。

5 岁的弗雷德里克画的美国国家航空航天局的航天飞机和和平号空间站。（图片来源：弗雷德里克寄给乌尔里希·沃尔特的手写邮件）

现在您再问他：欧洲或德国在航天领域中做了什么？我的意思是，您的孩子是否能脱口说出欧洲空间局或德国宇航中心的名字？不能？那您是否知道它们是什么以及做什么吗？老实说，要是不上网进行搜索的话，您自己真的知道吗？

许多人只觉得，航天太贵了，这笔钱要是用于援助贫穷国家会好很多。对的。直到 2009 年，德国出于人道主义，每年向中国支付 3.5 亿欧元的发展援助金，这样一来，中国自 2003 年以来全部被送入太空的宇航员就不会挨饿了[1]。德国人就是这样。人道主义援助绝对不会出错（因为这是善意的！），而且永远都不算贵，但是太空旅行就太贵了。

如果公共电视台再次把麦克风举到我的面前询问道，您觉得德国航天是否太贵？我通常会反问道："太贵？有多贵？"您知道吗？但是您不必马上进行网络搜索而是先直接回答下面的问题：每个德国公民每年缴纳 10 欧元、50 欧元、100 欧元还是 500 欧元税款？德国的航天一年不到 10 欧元，德国和欧洲的航天加起来大概才 18 欧元！如果您说：但航天要是最后什么都没有得到（至少您对此一

---

[1] 此处是作者的反讽，在部分德国人眼里，中国在之前一直都是贫困国家。德国自以为有钱地援助中国，他们认为中国航天事业也处于穷困状态，却不料中国在航天事业上能够摆脱国外技术用自主研发的火箭登上太空。——译者注

无所知），那么连 1 欧元都嫌多。我很赞同您的看法。0 乘以 18 等于 0 乘以 1，等于 0 乘以 0（全是零，我为您省去了数学计算步骤），始终都是零①。零是不够的。但它不是零！事实上，科学家听到欧洲环境卫星（*Envisat*，花费 20 亿欧元）、哨兵号（*Sentinel*，花费超过 50 亿欧元）或伽利略号（*Galileo*，花费 70 亿欧元——伽利略，伽利略……这不是在普罗西本电台播出的成人科普节目吗？）就欣喜若狂。您不禁自问道："这表示什么？"我告诉您，没有一个孩子给我发过任何有关这些德国航天的绘画图片。

中国做法不同。中国于 2003 年加入了欧洲伽利略计划（这是欧洲未来的全球定位系统。对此，您定会自言自语："这有什么意义？我的卫星导航系统也是这样工作的！"）两年后中国退出了这一项目，但中国仍然接受德国的发展援助并利用相关知识建立了自己的导航系统，也就是北斗导航系统，这一系统现在正在运行。也就是说只有欧洲还没有自己的导航系统。此外，中国现在有自己的太空舱，实际上是一个小型空间站，他们会定期飞往那里。中国人

---

① 此处作者想借用数学方式暗喻竹篮打水一场空，也就是花了钱但是没效果。钱打水漂了。——译者注

还说，他们还已经把一辆汽车带到了月球，并计划让中国航天员在2025—2030年登陆月球，2040—2060年登陆火星。尽管目前他们还未实现，但这并不碍事，因为在此期间，我收到了孩子们的第一张有关中国航天的绘画，我不禁问自己：德国究竟出了什么问题？未来某个时候，我们肯定会得到中国提供的发展援助，这一援助必将再次用于德国的发展！

空间电梯
——搭乘电梯去太空?

乘电梯进入太空,这能行吗?

这个想法听起来很棒。将一根长绳"向上"拉入太空，然后便可搭乘电梯去太空了。这样就可以节省昂贵的火箭开销，采用火箭的话就必须为进入太空的每千克负载支付15000欧元。如果有太空电梯，那肯定会便宜得多？！

太空电梯的工作原理

仔细考虑下这个想法。首先，有个问题：绳子挂在哪儿才不会自己掉下来？这是工程师们需要解决的主要问题。地球24小时自转一次，如果绳子旋转的速度与之同步，那么这根绳子相对我们来说似乎就是静止的，此外，离心力还会把绳子向外甩。

这行得通吗？为此，地球自转的向外离心加速度必须大于向下重力加速度 $1g = 9.8\text{m/s}^2$。然而，在地球表面，离心加速度只有 $0.0034g$，尚不足以将人抬离地面。当然，这对我们每个人都有好处，否则我们将无法再停留在地面上。离心加速度随着高度的增加而线性增长，而重力加速度则以二次方关系减小。只有在35800千米的高度，即地球静止轨道，这两个相互作用力的大小才完全相同，即 $0.022g$。因此，以地球的角速度绕地球运行的物体在这个高度受力是平衡的，轨道下方的物体会掉向地球，轨道上方的物体会被多余的离心力向外抛出向外拉动。

因此很明显，绳索必须比35800千米长很多，这样绳索部分向外的拉力才能平衡部分向下的拉力。一根绳子总共需要多长才能使所有向外和向下的力平衡？计算表明这根绳子必须有144000千米长。毫无疑问，这太长了！可以通过在绳索末端添加配重的方式来缩短绳索。但直觉上，这个配重越接近地球静止轨道的边界位置，即35800千米，配重值越大。在地球静止轨道上，配重得无限重。

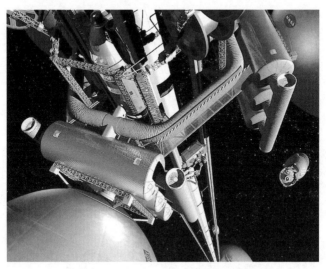

太空电梯正升入太空。（图片来源：美国国家航空航天局）

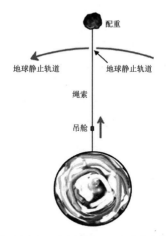

太空电梯示意图。（图片来源：GNU 自由文档许可证[①]）

材料能承受吗？

绳索的关键不在于长度而在于最大拉力，然而最大拉力正好会准确地出现在地球静止轨道的重心处。可以看出，这个最大拉力比我们知道的最好的钢材的抗拉强度都要高得多。这就是这个课题在 20 世纪 60 年代被搁置的原因。

---

① GNU 自由文档许可证是一个由自由软件基金会为了 GNU 计划于 2000 年发布的内容开放的版权许可协议，适用于电脑软件文件和其他参考及指导资料。——译者注

后来发现了一种碳纳米管复合材料，其抗拉强度比钢材的抗拉强度高 20 ~ 30 倍，重量也轻 6 倍。此外，还发现绳索不必在任何地方都保持相同的粗细。只有在地球静止轨道上，绳索必须是最粗的，这样才可以适应最大拉应力[①]，在高于和低于轨道的地方绳索可以细点儿。这节省了好多质量，同时也降低了地球静止轨道中的最大拉应力。

如果要用碳纳米管材料建造一条长度为 10 万千米的优质电梯绳索，许用安全系数为 2，那么绳索末端的配重就得达到 50 吨，绳索本身重量为 98 吨。绳索在地面上的横截面只有 0.15 平方毫米。没有任何东西可以将绳索固定在那里，可以这么说，绳索刚好飘浮在地球表面的正上方，并且只需要固定在一个锚点上，这样它就不会侧向移动。准确地说，绳索的粗细必须刚好足以承受绳索的离心力，这里假定该绳索需要承载 1 吨电梯的负载。但即使是在地球静止轨道中，绳索的横截面也只有 3.5 平方毫米，极小的横截面反映了碳纳米管可以承受的巨大拉应力。换句话说：正是这一新材料让太空电梯成为可能。

[①] 拉应力指物体对使物体有拉伸趋势的外力的反作用力。——译者注

如何建造电梯

可想象并不一定意味着可行。毕竟具有上述性能的碳纳米管绳索还不存在，眼下有的只是实验室中透过显微镜才可看见的微型碳纳米管。但假设在未来某天真的制造出这样的绳索，那么该如何建造电梯呢？首先，必须使配重在大约 7 次飞行后接近地球静止轨道所在的位置。这没问题。但是需要一枚火箭，把一体式的绳索竖在那里。目前还没有火箭能做到这一点。这需要建造一枚比阿丽亚娜 5 号还要大 10 倍的火箭。到达顶部后，将绳索末端连接到配重上，然后松开绳索。与此同时，配合件向外移动，绳索向下垂至地面。从理论上说，这完全没问题。

太空垃圾和其他问题

那么，现在问题来了。绳索的有效横断面积为 300×300 平方米，因此被宇宙碎片击中的概率非常高。大概一个月后这一事故就会发生。对此没有任何解决办法，哪怕是在地球上肉眼看不到的直径只有 1 厘米的极小颗粒也极具破坏性。另外，由于风的影响，绳索坠下的位置无法预测，谁来承担绳索坠下时造成的损害？此外，在 200～600 千米的高空，残留大气中含有的侵蚀性原子氧也能相对较快地分解绳索。

在 800～1000 千米更高的高空中，大多数卫星在轨道上飞行着，不过这也可能会出现问题。绳索总是不受控制地摆动，因此无法避免与其他大约 1500 颗活跃卫星发生碰撞。不仅绳索会被毁坏，而且根据太空法，绳索的运营商必须为这一损毁支付赔偿，也就是说不仅要赔偿损毁的卫星，还要支付使用损失赔偿。当然，飞机在向下飞行时也可能会撞上飘浮的绳索。事实上，运营商必须先证明不会损坏正在运行的卫星，随后才可以合法建造太空电梯，但运营商根本就无法证明这一点。

这一切是为了什么？

太空电梯可以很轻巧地丢出地球静止轨道中的卫星（大部分是新闻卫星和军事卫星），因为它们的轨道速度恰到好处。但在低地球轨道上，情况完全不同：在那里绳索的轨道速度仅为 0.5 千米 / 秒，但卫星在那里飞行速度约为 7.7 千米 / 秒。对于这种低空飞行的卫星（至少占卫星总数的 70%）来说，太空电梯几乎没什么用。但反过来就很有用。如果将一颗卫星在 46800 千米的高空发射，它将有足够的速度逃离地球的重力场。如果在绳索末端发射宇宙飞船，即在 10 万千米高的配重处发射宇宙飞船，它的速度甚至可以将其弹射到木星。

因此，我认为，如果需要为前往火星的奢侈度假航班安排区间交通，那么就得考虑使用太空电梯，否则成本和难题将远远超过收益。

我每年 9 月必追"太空电梯工程挑战赛"——我是这个比赛的忠实粉丝，这是一场青少年太空电梯的创意设计大赛，参赛者必须在尽可能短的时间内用尽可能少的能耗搭建 100 米高的太空电梯。在此，我特别建议大家去看一看比赛的精彩集锦。

新空间航天
——太空业务

现在立即向太空出发，没人感兴趣。这很德国。

航天需要很多钱。尽管如此，或者正因如此，目前航天业才刚起步。德国对此一无所知，因为德国的知识分子媒体并不喜欢航天：航天对我们有什么好处？航天要耗资数百万，而非洲的孩子们正在挨饿！

新空间航天是什么？

新空间航天（NewSpace）是一场名副其实的太空革命。颠覆性技术正在颠覆航天。

旧规则被抛弃，新规则与旧规则对抗。到目前为止，航天一直是一项官方业务，这意味着只有国家，而且是大国，才有能力研发和制造火箭，并向太空发射卫星。具体而言，研发一种新型火箭的成本约为 30 亿欧元；建造和发射一枚大型火箭并将新闻卫星送入地球静止轨道的成本约为 1.5 亿欧元；一颗新闻卫星的成本约为 3 亿至 4 亿欧元。

为什么一切都那么贵？因为每一颗卫星都是至今最为精细的手工制品，它还必须能够立刻投入使用，并且需要毫无故障地运行 15 年。太空中没有维修站，一旦卫星抵达那里，就必须立刻开始运转，否则得到的将是一堆价值 5 亿美元的垃圾。因此，在航天时，每个螺丝在安装前都要转动 3 圈并进行可靠性测试。这些都得花钱啊！

现在有什么不同？

美国科技作家 G. 哈里·斯泰恩一针见血地写道："太空革命不会发生，除非有人能驾驶太空船赚钱。"但是，初期投资巨大，所有国家都补贴本国的航天业以维持其运行，在这种情况下，私人公司如何赚钱？答案是：必须有人对航天一直抱有坚定信念，投入很多钱，把航天变得格外与众不同。

这里说的正是连续创业者这样有才干的人，比如像理查德·布兰森（Richard Branson）和埃隆·马斯克。埃隆·马斯克首先创立了网络媒体公司 Zip2，并以 2200 万美元的价格将其出售，继而创立了 X.com，然后收购了贝宝（PayPal）。2002 年，他以 15 亿美元的价格将贝宝卖给了易趣（Ebay），并用这笔钱创立了特斯拉汽车公司（Tesla Motors）和 SpaceX。尽管特斯拉还没有盈利，也许永远不会盈利，[1] 但要成为一名真正的企业家，就意味着要敢于冒

———————————

① 特斯拉在原书出版（2017 年）仍处于亏损状态，其首次实现全年盈利是在 2020 年。——译者注

险。马斯克与 SpaceX 一起建造了猎鹰 9 号火箭，在此期间 SpaceX 每年火箭发射次数比之前的行业先驱阿丽亚娜航天公司（Arianespace）还要多，因为猎鹰 9 号的成本仅为阿丽亚娜 5 号的一半。

欧洲人被迫现在才开始推进，他们想用新的阿丽亚娜 6 号来与之抗衡，阿丽亚娜 6 号的发射成本只有 9000 万欧元而不是 1.4 亿欧元。不过，马斯克只需要 5600 万欧元就可以使他的猎鹰 9 号实现相似水平的发射。马斯克希望以 8100 万欧元的价格将比阿丽亚娜 6 号还要重 2 倍的"重型猎鹰"（Falcon Heavy）运载火箭送入地球静止轨道。我很好奇欧洲人打算如何在未来站稳脚跟？ SpaceX 真的是一个颠覆性创新的典型例子。

带唱片去太空旅游

如果你有 5 亿美元可以使用并且也不在意这笔钱损失与否，那么航天就是最佳选择。理查德·布兰森（阅读障碍症患者）就是其中之一。1970 年，他创立了维珍唱片公司（Virgin Records，过去拥有黑胶唱片的人都认识维珍唱片公司唱片中间的徽标）。维珍唱片公司曾签下了迈克·奥德菲尔德（Mike Oldfield），并凭借迈克的第一张唱片《管状钟声》（*Tubular Bells*）赚到不少钱。因此，理查德·布兰森将其业务扩展到拥有多家公司的大型企业集团——维珍集团，目前该集团拥有 5 万名员工，年营业额达 213 亿美元。2004 年，理查德·布兰森创立了维珍银河公司，该公司建造了亚轨道滑翔机（Space Ship Two），可以快速地将游客送上太空。根据他自己的说法，已经有 700 人支付了 20 万美元的全额票价（现在这一票价达到了 25 万美元）。因此，理查德·布兰森在没有将一名游客送入太空的情况下已经赚了 1.4 亿美元。这就是我所说的太空商业案例！

同阿尔迪一起进入太空？

所以，想象一下阿尔布雷希特家族（阿尔迪 ① 的所有者）用手中的 10 亿欧元（仅占其资产的 6%）进行太空旅游。大家在想象时不禁笑了，因为我们都知道这永远不会发生。这不符合德国人的思维。

---

① 阿尔迪（ALDI）是德国的连锁超市。——译者注

这永远不会发生，因为德国人都有这种心态。为了能够在德国或欧洲进行航天，首先必须得制定法律。毕竟，不能简单地穿过管制空域进入太空！德国负责此事的联邦航空管理局永远无法做到这一点。如果在飞行过程中有人死亡（一开始肯定会有这类伤亡事件），阿尔迪会立刻对损失索赔。对于那些需要制定相关新法律的政治家来说，新空间航天完全没问题，因为他们大多数都是行家。

死了？自己承担责任！

在美国则完全不同。2015 年 11 月，美国的一些州通过了相关法律。太空游客万一刚开始时就身亡了，那这便是他自己必须在航天等高风险业务中要承担的风险。这期间，为太空游客建造的新宇航飞行基地（美国太空港）的位置和许可也都有了。唯一的问题就是：布兰森低估了太空技术，在一次坠落事故导致设备全部报废和一人身亡后，布兰森仍在研究这项技术。"航天事业是艰难的。（Space is hard）"这句话对于航天来说完全正确，这就像以前航空先驱时代一样。

欧洲民众没有注意到，在过去的 5 年中，许多私营太空公司都是在美国成立的，这些公司自掏腰包投资了 130 亿欧元。例如一网（OneWeb）公司，它在短短几年内筹集了数十亿美元，并计划在几年内发射 700 颗卫星（700 啊！），以建立一个全球互联网系统，甚至可以到达地球最偏远的角落。这么多卫星，其中可能有一些卫星是不起作用的，那就发射一些额外卫星补上。

　　一种全新的太空业务——新空间航天。

享有早鸟优惠的
太空葬礼

您喜欢与众不同吗？那就让自己死后葬在太空吧，价格比您想象的要低！

正如上一章所说的,商业太空市场正在蓬勃发展,此外,还有太空殡葬生意。但德国殡葬者联邦协会(Bundesverband Deutscher Bestatter)拒绝这种做法,因为它认为将火化产物及残留物用于商业用途是不道德的。

为什么这样认为?如若这样,那么骨灰海葬也是不道德的。但并不是所有的殡葬公司都这么认为,例如,德国的两家殡葬公司里德尔(Riedl)和施特赖特(Streidt)正式宣布提供太空葬礼服务,不过它们并未写明具体的葬礼日期和费用,并且网站上也只说了需要花很多时间——大约两年。

回顾过去　太空葬礼

不用惊讶,太空葬礼需要一枚火箭,这可不像在德国租一辆车那样简单。而在美国这片充满无限机会的土地上却截然不同。在美国可以租用火箭上的一些空间,然后就可以出发了。当然,因为有专门的太空葬礼公司,因此不必自己在飞船上租一个放骨灰盒的小地方。也许最有经验的是位于休斯敦的航天服务公司(Space Services)的子公司塞利斯蒂斯(Celestis),该公司还提供收取少量费用的恒星命名服务。到2017年为止,塞利斯蒂斯已经举行了 14 次飞往太空的葬礼航班，其中一次是在 2015 年 11 月 15 日。其后一次葬礼航班应该是在 2018 年。葬礼服务申请的截止日期为 2017 年 6 月 15 日。[①]

这样的葬礼航班于 1997 年 4 月 21 日首次进行。当时，用航天飞机发射的飞马座火箭将《星际迷航》的创造者吉恩·罗登贝里（Gene Roddenberry）、20 世纪 60 年代嬉皮士大师蒂莫西·李里（Timothy Leary）、德国太空工程师克拉夫特·埃利克（Krafft Ehricke）和其他 21 人的骨灰送入地球轨道。2002 年 5 月 20 日，火箭及其残骸在澳大利亚东北部重返大气层时被烧毁。

价格

太空葬礼出奇便宜。目前塞利斯蒂斯公司提供的地球轨道葬礼费用为 4995 美元起。这几乎与在德国举办一场中型火葬的总成本是一样的，即 4260 欧元。当然，还有一些问题。太空葬礼的前提条件是逝者事先已经被火化了，然后从骨灰中分出几克（当然，不能太多了）再葬到太空。

------

① 　最近一次葬礼航班定在 2024 年 1 月 8 日。——译者注

重量越大成本越高。

葬礼服务价格根据骨灰重量而调整。1 克骨灰的价格是 4995 美元，2 克的价格是 7500 美元，3 克的价格是 10000 美元。但如果一对夫妇想一起葬在太空中，他们一起的重量不超过 7 克，价格是 15000 美元。

这个价格也可以更便宜，因为这个行业现在存在竞争了。在美国极乐太空公司（Elysium Space）的网站上，可以以 2490 美元的价格在虚拟购物车中添加一个 1 克骨灰"葬礼套餐"（添加到购物车）。但问题是，极乐太空公司的葬礼航班还没有成功过。2015 年底，他们的首趟航班卫星 1 号甚至都没有到达地球轨道。除此之外，无法得到更多信息，可能火箭是在这之间爆炸的（众所周知，这种情况往往在首飞时发生）。会发生什么呢？灰飞烟灭。正确的做法是只将不重要的身体部位骨灰送到太空，其余的骨灰一定要安置在地球上的骨灰盒中。

月球上的小地方？

对一些人来说，地球轨道无论如何都不是"真正的"宇宙，宇宙始于月球。但即便是月球葬礼现在也得预订了。

塞利斯蒂斯公司以 12500 美元的价格为客户提供 1 克骨灰的月球葬礼服务，此外还为在不同地球轨道位置的葬礼服务提供"更多"的分级定价。极乐太空公司更便宜，在其推出的月球纪念（Lunar Memorial）项目中，前 50 名购置 1 克骨灰月球葬礼服务的顾客可享受早鸟优惠价 9950 美元（他们真的是这么叫的——早鸟价，所以应该快点死），但是第 51 名顾客却需支付 11950 美元。

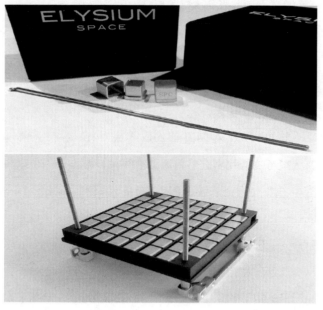

这就是小型骨灰胶囊的样子，其中每 60 个为一层。每个被运送到太空的骨灰盒子大约由 6 层组成。（图片来源：极乐太空公司）

谷歌月球 X 大奖赛使其成为可能

　　塞利斯蒂斯公司和极乐太空公司是不会自己飞向太空的，那它们如何获得月球上的骨灰胶囊呢？谷歌使其成为可能。准确地说是谷歌月球 X 大奖赛（Google Lunar X-Prize）。该奖项设立于 2007 年，资助总额为 3000 万美元。首家成功将一个机器人送上月球，并在月球上行驶至少 500 米，同时将高清视频和照片传回地球的私营公司，将单独获得 2000 万美元。第二个完成的私营公司将获得 500 万美元，其他公司分摊剩余奖金。当然，为了完成比赛任务，肯定是要花钱的，如果成本低廉的话，启动成本大约为 5000 万美元。

　　起初，大奖赛仅限于 2012 年底举行。在那之前没有人能够完成比赛任务，因此赛事尾声被推迟。全球共有 16 支队伍登记，包括德国业余科学家团队（Part Time Scientists）。16 支队伍中的 2 支队伍已经订好了航班，这 2 支队伍分别是美国月球快车公司（Moon Express）团队和以色列太空探索公司（SpaceIL）团队。塞利斯蒂斯公司已经认购了美国月球快车公司，极乐太空公司认购了太空机器人技术公司（Astrobotic Technology），太空机器人技术公司同样也是月球 X 大奖赛的参赛队伍之一。尽管极乐太空公司还没认购航班，但据该公司自己说，他们会于 2018 年底起飞。众所周知，骨灰无论如何都可以保存很长时间，并且大部分骨灰其实早已安置在地球上的某个地方了。

所有吉尼斯世界纪录都已经记录在案

即使有人决定将部分骨灰带向月球，他仍然不会进入吉尼斯世界纪录。因为已经有一个人被埋在那里了。1998 年，美国国家航空航天局携带"月球探险者"探测器飞往月球。著名天文学家尤金·休梅克（Eugene Shoemaker）的朋友们从美国国家航空航天局处得知，他的几克骨灰放置在月球探测器上被带走了。彼时，距离尤金·休梅克去世刚刚过去半年，他是休梅克 - 利维 9 号（*Shoemaker-Levy 9*）彗星和其他 30 颗彗星的共同发现者。探测器在绕月运行了1 年半后有计划地撞上极地月球火山口，借此搅起最有可能的隐藏冰层，人们很想从地球上观测到它。第一个飞向月球的人（起码也是尤金·休梅克的部分骨灰）便在那个火山口安息了。

如果您期待至少成为第一个被埋葬在太空深处的人，那么我也不得不让您失望了，因为这也已经有了。小行星冥王星的发现者克莱德·汤博（Clyde Tombaugh）的部分骨灰已经被美国国家航空航天局冥王星任务的新视野号探测器带走了，该任务于 2015 年 7 月中旬飞越冥王星，并预计在 2035 年达到太阳系的边缘，然后进入银河系星际空间。

不过您的狗可以被写进吉尼斯世界纪录，毕竟塞利斯蒂斯公司目前还提供了全新的动物太空葬礼服务，例如塞利斯蒂斯宠物业务。当然，价格与人类太空葬礼的价格相同。起初塞利斯蒂斯公司也曾考虑过人和宠物一起，但是据说一些客户取消了他们的航班，因为他们还是更想和妻子葬在一起而非和宠物葬在一起，于是乎塞利斯蒂斯公司便决定将人和宠物分开来飞了。

美国国家航空航天局
未来 20 年的计划

美国仍然是航天业的先驱。2016 年 9 月中旬，航天工程师就
美国航空业的现状和未来进行沟通。

美国又计划大规模进行航天活动，并努力在未来几年实现。美国太空博览会是一年一度的太空大会。我曾在2016年9月参加洛杉矶长滩市举办的国际会议，详见下文。

探索太空深处

空气中充满了兴奋和激动。2011年关闭航天飞机舰队，随后多年禁止推展载人航天活动，终于，美国人再度有了可喜的目标以及实现这一目标的资金。知晓这些后，他们斗志满满，就像20世纪60年代的阿波罗时代的"淘金热"那般。美国人是相当认真的。总的来说，本次会议备受关注的就是有关美国航天业的未来计划及现状的报告。

其中最重要的是美国国家航空航天局的安德鲁·肖尔（Andrew Schorr）发表的题为《太空发射系统——从停滞到突破最终发射升空》的文章。太空发射系统（SLS火箭）是美国国家航空航天局设计的新的航天运载火箭。它与之前的土星5号火箭大小一样，但是更具可进化性和灵活性，不仅用于猎户座飞船，还用于纯粹有效载荷飞行。美国国家航空航天局希望通过太空发射系统火箭实现载人飞向火星以及实现无人驾驶飞向太阳系深处，特别是到达可能存在外星生命的木卫二，这是美国国家航空航天局未来20年的主要目标之一。当然，最重要的目标还是首次载人火星任务。根据美国国家航空航天局的说法，这将在2030年进行。但是具体日期仍未敲定。首次使用无人驾驶猎户座飞船往返月球的试飞计划于2019年进行。[①] 据说，首次载人往返月球的飞行预计将在2023年推行，但美国国家航空航天局目前致力于2021年之前提早实现这一目标，[②] 这可是特朗普对美国国家航空航天局的要求，这样一来这便可作为他争取连任前的一项业绩。安德鲁·肖尔在他的报告中报道了这一切将会如何进展。

为此，需要航天迷

　　安德鲁和我一起坐下来吃午饭。他是一个真正的航天迷。当他得知我是执行航天飞机任务的德国宇航员时，他的脸上洋溢出灿烂的笑容。这不仅因为他自1985年以来一直担任航天飞机技术员，还因为他的祖辈来自德国。他们最初被叫作普塑尔（Pschorr，行家们都知道来自慕尼黑的

---

① 据了解，猎户座飞船于2022年11月16日由执行阿尔忒弥斯1号任务的火箭发射升空。绕月后返回地球，全程历时25天10小时。——译者注

② 从2023年4月，NASA公布了的2024绕月飞行名单可知，首次的载人往返月球飞行预计推迟到2024年11月执行。——译者注

普塑尔－布蒂[1]）。但是因为美国人不能发音"psch"，他们干脆省略了 P。[2]

安德鲁证实美国国家航空航天局对载人火星飞行计划十分坚定。但是，技术路径是由月球中转至火星。通过月球这一所谓的"试验场"来验证火星登陆技术的高效能性，选择月球还是比较实际的，因为一旦出现问题，人们可以在 2 ～ 3 天内安全返回地球。

作为主力军的 SLS 火箭

SLS 火箭将在未来几年不断改进。演示图（见下页图）展示了 SLS 火箭的研发进程。执行登月飞行"探索任务 1 号"（EM-1）的第一个型号"SLS Block 1"，能够将 70 吨有效载荷送入近地轨道。执行首次载人飞行"探索任务 2 号"（EM-2）的型号"SLS Block 1B Crew"可以有效负载 105 吨。对于需要将重型设备（约 300 吨）送入近地轨道的火星任务，SLS 火箭将升级为"SLS Block 2 Cargo"，其有效负载高达 130 吨。

在 300 吨燃料中，需要燃烧 250 吨才能将剩余的 50 吨

---

[1]　指慕尼黑周边的一个啤酒园。——译者注
[2]　因此，德语姓氏普塑尔（Pschorr）在美国被换成了肖尔（Schorr）。——译者注

载入火星。其中大部分燃料是用于火星登陆及随后重回火星轨道和返回地球的。

具体研发过程是：在 2016 年中期两个白色助推器测试成功。从 2016 年底到 2017 年底，建造上层并组装中层（中部的上部和下部）。这两个部件本将在 2018 年初进行测试，所有部件本将于 2019 年全部组装完毕，以便 2019 年能够启动 EM-1 任务。[①]

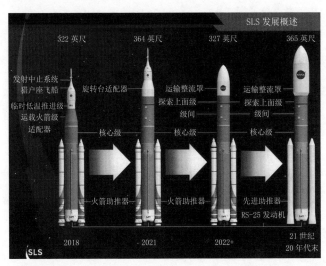

美国国家航空航天局太空发射系统的研发进程。其中 1 英尺约为 30 厘米。（图片来源：美国国家航空航天局）

---

① 　指该任务因为各种因素多次延期。——译者注

未来20年的其他主要太空议题

此次大会上的另一个主要议题是，采用 SLS 火箭飞往外太阳系的无人驾驶飞行只需要一半甚至更短的时间。例如，在直飞木卫二欧罗巴（*Europa*）的过程中，随着多次机动摆动，时间从 5～7 年缩短到 1.9 年（参见"重力助推法——搭载穿越太阳系"一章）。在木卫二欧罗巴或土卫二恩克拉多斯（*Enceladus*）的隐藏海洋中是否存在外星生命？美国国家航空航天局的第二个主要任务目标就是解答这一问题。

其他重要的空间议题是地月空间的商业化，这被称为"空间经济新业态"。"地月空间"（cis-lunar）指的是地球到达月球的区域，许多新成立的太空公司都将其视为新的业务领域。美国国家航空航天局非常想和这些公司共同合作来完成其既定任务。为了避免将所有零部件从地球载入太空，许多公司对太空制造（也叫空对空制造）颇有兴趣，即太空 3D 打印零部件。

其他重要议题包括：为地月空间活动开发栖息地以及月球着陆器和火星着陆器等。对可重复使用的运载系统的讨论也十分热烈，不过当最初的兴奋退却之后，仍无法明确其是否具有经济意义，因此幻灭感逐步蔓延（参见本书"新空间航天——太空业务"一章中的疑虑）。此外议题还有：卫星小型化和太空机器人在轨服务，即通过太空机器人为地球静止轨道上特别昂贵的非功能通信卫星注入新活力。

无论对此将要实施什么，可以肯定的是：令人着迷了数十年的航天之旅即将到来，我们十分乐意加入。

未来的航天蓝图

国际空间站的时代正在慢慢结束。接下来会发生什么？有什么意义？各国将继续合作，还是各为其主？

空间站的设计寿命通常为 15 至 20 年。国际空间站也是如此。国际空间站始建于 1998 年。星辰号核心模块于 2000 年进入轨道，最后一个模块——日本希望号实验舱于 2009 年建成，最后一个零件（太阳能电池板）于 2010 年安装。因此，国际空间站的设计寿命应于 2020 年到达上限。事实上，国际空间站也可以超过这个年限继续运转工作，但是，就像一辆超过 15 年的汽车一样，车辆的维护工作量会增加，扪心自问，这样做值得吗？

美国的探索愿景……

是否值得在未来还继续维持国际空间站运行？ 50% 以上的美国人认为这应该由市场来决定。他们早在 2004 年就为此制定了方针。早在 2004 年 1 月 14 日，时任美国总统小布什发表了著名的"太空探索愿景"演讲，他描绘了国际空间站商业化路线。简单来说，该愿景将太空分为两个区域：一个是地月空间，另一个是月球及更远深空。美国国家航空航天局将长期退回月球，并将国际空间站等现有设施商业化。为此，美国国家航空航天局作为航天业先驱，应该集中精力征服月球，然后再征服火星。他们把这些称为太空探索。

商业化

为了加速国际空间站商业化，美国启动了商业轨道运输项目（Commercial Orbital Transportation Services，简称为COTS）。2010年，时任美国总统奥巴马进一步推动此项目。在新的航天政策规划中，美国所有航天活动都应尽可能私有化。为此，美国成立了商业航天局，并将国际空间站美国部分的商业化工作交给了一家新成立的上市公司，即太空科学促进中心（Center for the Advancement of Science in Space，简称为CASIS）。为此，"商业机组发展计划"（Commercial Crew Development，简称为CCDev）需要确保载人运输，同时，商业轨道运输项目需要确保自动补给飞行。

每个国家都有自己的利益

美国国家航空航天局已经告别了国际空间站，那么俄罗斯呢？在乌克兰与美国关系紧张期间，前任俄罗斯联邦航天局局长副总理德米特里·罗戈津（Dmitri Rogosin）宣布，2020年以后国际空间站将与进步号和联盟号一起暂停运行。俄罗斯目前正在考虑自己建立空间站。那么欧洲呢？他们是唯一支持国际空间站2020年以后继续运行的人。在欧洲，德国是国际空间站的背后助力，而其他国家，尤其是经济实力雄厚的法国和意大利，都在追求各自的目标。阿丽亚娜6号就像是法国的孩子，织女星（Vega）运载火箭就像是意大利的孩子。

空间站值得吗？

为何有意义？在失重状态下做的研究，即 μg 研究，对国际空间站有益，也会对未来每个近地空间站有益。在德国，μg 研究有很长的历史并且真的做得很好，即使与基础研究相比也毫不逊色。阿达·约纳特（Ada Yonath）更是因 μg 研究获得了2009年的诺贝尔化学奖。

唯一的问题是：μg 研究需要多少钱？因为它们占据了欧洲空间局设置的航天基金的很大一部分，所以剩下用于其他项目的钱也不多了。也就是说，μg 研究就是权衡优先级问题。对于德国来说，μg 研究是航天的关键；但是对于欧洲空间局的其他国家来说，μg 研究是次要部分；美国则认为 μg 研究的权重应该由市场来决定。按照美国自己的说法，太空科学促进中心不是很成功，这意味着要在未来退出国际空间站。一旦俄罗斯也退出，国际空间站则将在一年内重返大气层后燃烧殆尽，因为无论是欧洲空间局独自还是与其他国际空间站合作都无法在技术上和经济上确保国际空间站维持正常运行。[1]

似乎还在继续……

　　未来的航天蓝图似乎已经被绘制出来了。美国国家航空航天局准备将其新型重型火箭 SLS 与新的猎户座飞船（旧的是阿波罗飞船）一起送上月球以进行首次无人驾驶试飞 EM-1 任务。可能这两年，在国际空间站被废弃前不久，将执行首次载人探索飞行 EM-2 任务前往月球。欧洲没有展现出自主研发能力，因此无论好坏，他们都必须加入美国的行列。他们已经慎重地做出了这个选择，因为他们为猎户

---

[1]　国际空间站合约将于 2024 年到期，俄罗斯计划 2025 年退出该项目。——译者注

座飞船提供了服务模块，这是补给船 ATV 的一个组成部分，该补给船已经 5 次成功飞抵国际空间站。我认为还会继续如此。欧洲空间局为航天飞机建造了太空实验室，还被允许不时以特价与航天飞机一起飞行。这可谓是以物易物，或者说是搭便车。

新的 SLS 火箭与美国国家航空航天局的猎户座飞船计划于 21 世纪 20 年代一起飞往月球，并在 21 世纪 30 年代飞往火星。（图片来源：美国国家航空航天局）

　　一旦国际空间站关闭，忠于美国的日本可能也会以某种方式参与太空探索，尽管日本尚未对此发表言论。至于俄罗斯，这将是一盘悬棋。由于乌克兰危机，俄罗斯宣布离开国际空间站并进行自主研发，已经靠边站了。我严重怀疑俄罗斯是否正在建造自己的空间站，但这花费巨大。以俄罗斯的经济水平尚且都很难独自应对。

中国呢？

与此同时，几十年来，中国在航天领域一直坚持自主研发。中国现在拥有自己的小型空间站天宫一号。在未来几年，还将慢慢扩大，直到做好载人登月飞行（2025—2030）准备。根据官方声明，中国计划在 2040 年至 2060 年进行载人火星任务。这也正是美国人考虑探索月球和火星的时段。

看起来在 2025 年至 2045 年间将有一场探索月球和火星的精彩竞赛。美国与苏联的登月竞赛是航空发展迄今为止最激动人心的时刻。虽然航天协作或许能和共享国际空间站一样美好，但其实竞争越激烈才会越有质的飞跃。

关于航天的格言

格言是小型的语言艺术作品，用几句话就可以完美地总结重要的想法或事实。以下是我收藏的一小部分关于航天的格言。

您肯定知道一种一页一天的日历，每页便签背面写有一句或长或短极富智慧的格言。这种日历在20世纪60年代和70年代非常流行。1999年，我在参访慕尼黑《南德意志报》报社时，偶然在候客室里看到了一份日历，日历上印着非常棒的处世之道，于是从那天起，我开始收集格言。我不喜欢押韵的谚语，因为他们经常使用押韵来表达意识形态上的信念，例如"Man ist, was er isst"（字面义：人吃什么就是什么；喻义：一方水土养一方人）。这些谚语被翻译成另一种语言时便立即失去了魅力，比如翻译成英语就是"You are what you eat"。格言则不同，它有着机智的措辞和对事物本质的敏锐洞察，因而极具魅力。有些甚至因为翻译得当而更加引人深思。以下是我收集的以航天和外星人为主题的智慧格言。

关于航天

"循此苦旅，以达星辰。"

德语："Durch das Rauhe zu den Sternen."

"愿上帝保佑（你）。"

德语："Möge dir Gott Erfolg und Glück geben.", 源自中古英语"God spede（you）"，现代英语为"May God prosper（you）"。

——向即将离开的宇航员道别

"哦，伙计，这次旅行真棒！"

英语："Boy, what a ride!"

——艾伦·谢泼德，1961年5月5日，在他搭载美国

历史上第一艘载人太空飞船返回地球之后

"永不言败。"

英语："Failure is not an option."

——金·克兰兹（Gene Kranz，从水星计划到土星计

划的任务控制人）关于拯救阿波罗13号的任务

"太空就像是性行为那般：如果很棒，那就感觉很好；

倘若很糟，依旧感觉很好。"

——乌尔里希·沃尔特套用温斯顿·丘吉尔的话

"墨守成规终将原地踏步。"

——宇航员的座右铭

"当人类第一次离开地球时，才发现生活在地球是件多么幸运的事。我们中已有人将其足迹留在了火星上，我期待我也能有这一天。"

——克里斯托弗·莱利在于英国写给乌尔里希·沃尔特
的信中提到

"好奇，纯粹就是好奇！"

——斯波克先生谈及"为什么人类不顾危险进入太空"

"因为它就在那儿。"

——我们为什么要进入太空这个问题的答案可套用珠穆朗玛峰登山者乔治·马洛里对于为什么攀登珠穆朗玛峰这一问题的著名回答。

"当宇航员的好处是不必给妻子带任何礼物。"

——罗伯特·伦布克（Robert Lembke，1913—1989），德
国记者及电台节目主持人

"征服太空有两个问题需要解决：重力和文书工作。我们可以解决重力这个问题。"

——沃纳·冯·布劳恩（1912—1977）

"宇宙飞船上最好的电脑是人，也是唯一能由非熟练工大规模制造的。"

——沃纳·冯·布劳恩谈载人航天的意义

"我们在技术上已进入太空巡逻队时代，但道德上却仍停留在旧石器时代。"

——拉海尔·鲍尔，瑞士作家

"我们来建造适合太空的船只和风帆吧，这样我们就会发现许多不怕巨大空旷空间的人。"

——约翰尼斯·开普勒，1610 年

"我们的时代终将被铭记，因为我们是第一个启航前往其他世界的人。"

——卡尔·萨根，1987 年

"我们已去过了。"

——人们对于宇航员登月球一事的反应

"只需要两步就可到达宇宙的边缘——一步是信仰，一步是意志。"

——奥诺雷·德·巴尔扎克

关于外星人

"有时我觉得我们在宇宙中是孤独的，而有时又不是。无论是哪种情形，思想都很纠结。"

——阿瑟·C. 克拉克（1917—2008），英国物理学家和科幻小说作家（与斯坦利·库布里克合著《2001 太空漫游》）

"太空中有智慧生物的最好证明是，他们没有一个人联系过我们。"

——卡尔文与霍布斯，漫画人物

"外星人为我们扮演天使的角色，作为人类和上帝之间的调解人，他们向我们展示了关于宇宙和人类之间存在的超自然知识的加密路径。"

——保罗·戴维斯在他的书《我们是惟一的吗？》中写到

"从最深层的意义上来讲，寻找外星智慧就是寻找我们自己。"

——卡尔·萨根

作者简介

乌尔里希·沃尔特
物理学家、科研宇航员、大学教授、名誉教授、
计算机科学教授、理学博士、名誉博士

乌尔里希·沃尔特，1954 年生，德国精英大学——慕尼黑工业大学空间技术系教授。

沃尔特先生在科隆大学取得物理学相关学位后，又在芝加哥的美国阿贡国家实验室工作了一年，随后在加州大学伯克利分校做了一年博士后，于 1987 年被任命为德国航天队成员，并分别在科隆波尔茨的德国宇航中心（Deutsches Zentrum für Luft-und Raumf ahrt，简称 DLR）和休斯敦的美国国家航空航天局航天中心接受培训，一直到 1993 年 4 月 26 日至 5 月 6 日期间执行 D-2 号航天飞机任务。

1994 年，沃尔特先生到位于慕尼黑附近奥伯法芬霍芬的 DLR 德国遥感数据中心，担任大型项目"德国卫星数据档案"的项目负责人。1998 年，沃尔特先生加入位于德国伯布林根的 IBM[①] 开发实验室，担任项目经理和首席顾问，并负责 IBM 软件产品的开发和咨询。

自 2003 年 3 月起，沃尔特先生担任慕尼黑工业大学空间技术系主任，从事应用空间技术和系统工程领域的教学和研究工作。同时他还从事系统工程的研究和教学，作为该领域的一名资深项目经理，沃尔特先生为世界各地的公司提供咨询，特别是在质量和风险管理领域。

沃尔特先生著有 7 本书，其中包括讲述他执行航天飞行任务的插图书《90 分钟环游地球》，以及《明镜》周刊非小说类畅销书《疯狂的物理世界》《黑洞中的魔鬼》《穿越地狱》等。此外，沃尔特先生不仅在国际期刊上发表了 100 多篇学术论文，更是航天报道评论员。2013 年至 2016 年，他在 *N24. de*［现在的德国《世界报》（*Welt. de*）］上撰写每周专栏。1998 年至 2003 年，他在巴伐利亚电视台主持科学节目 *MaxQ*，2011 年至 2012 年主持《跟乌尔里希·沃

---

① IBM：国际商业机器公司或万国商业机器公司（International Business Machines Corporation），经营范围涵盖信息技术和业务解决方案。——译者注

尔特一起漫步宇宙》（*Unterwegs durchs All mit Ulrich Walter*）以及国家地理频道的各种特别节目。2013年，沃尔特先生在ServusTV主持节目《哈勃的宇宙探秘之旅》（*Hubble Mission Universum*）。自2016年9月起，在德国世界频道晚间节目中主持系列科普纪录片《时空》（*Spacetimes*）。

除此之外，乌尔里希·沃尔特先生还是：

中国西安市西北工业大学客座教授

德国联邦十字勋章获得者

沃纳·冯·布劳恩金奖获得者

巴伐利亚勋章获得者

巴伐利亚伦理委员会成员

德国福伊希特赫尔曼－奥伯斯博物院院长

德意志博物馆管理委员会成员

德国路德维希堡乌尔里希－沃尔特同名学校赞助商

MINTa行动计划宣传大使

2008年，沃尔特当选德国年度工程学和计算机科学类教授。

---

① MINT一词是数学（Mathematik）、计算机科学（Informatik）、自然科学（Naturwissenschaften）以及技术（Technik）四大专业方向的德语词缩写，相当于英语系国家的"STEM"学科，对应我国"理工类"学科。德国"MINT行动计划"旨在夯实德国理工类人才培养基础，持续改善德国社会MINT专业人才短缺问题。——译者注

出品人：许 永
出版统筹：林园林
责任编辑：吴福顺
特邀编辑：陈珮菱
装帧设计：石 英
内文制作：张晓琳
印制总监：蒋 波
发行总监：田峰峥

发　　行：北京创美汇品图书有限公司
发行热线：010-59799930
投稿信箱：cmsdbj@163.com

创美工厂
官方微博

创美工厂
微信公众号

小美读书会
公众号

小美读书会
读者群